U0394824

余杭清水丝绵制作技艺

余杭清水丝绵制作技艺

总主编　金兴盛

丰国需　王祖龙　编著

浙江摄影出版社

浙江省非物质文化遗产代表作丛书编委会

总序

中共浙江省委书记
省人大常委会主任 夏宝龙

非物质文化遗产是人类历史文明的宝贵记忆，是民族精神文化的显著标识，也是人民群众非凡创造力的重要结晶。保护和传承好非物质文化遗产，对于建设中华民族共同的精神家园、继承和弘扬中华民族优秀传统文化、实现人类文明延续具有重要意义。

浙江作为华夏文明发祥地之一，人杰地灵，人文荟萃，创造了悠久璀璨的历史文化，既有珍贵的物质文化遗产，也有同样值得珍视的非物质文化遗产。她们博大精深，丰富多彩，形式多样，蔚为壮观，千百年来薪火相传，生生不息。这些非物质文化遗产是浙江源远流长的优秀历史文化的积淀，是浙江人民引以自豪的宝贵文化财富，彰显了浙江地域文化、精神内涵和道德传统，在中华优秀历史文明中熠熠生辉。

人民创造非物质文化遗产，非物质文化遗产属于人民。为传承我们的文化血脉，维护共有的精神家园，造福子孙后代，我们有责任进一步保护好、传承好、弘扬好非物质文化遗产。这不仅是一种文化自觉，是对人民文化创造者的尊重，更是我们必须担当和完成好的历史使命。对我省列入国家级非物质文化遗产保护名录的项目一项一册，编纂“浙江省非物质文化遗产代表作丛书”，就是履行保护传承使命的具体实践，功在当代，惠及后世，有利于群众了解过去，以史为鉴，对优秀传统文化更加自珍、自爱、自觉；有利于我们面向未来，砥砺勇气，以自强不息的精神，加快富民强省的步伐。

党的十七届六中全会指出，要建设优秀传统文化传承体系，维护民族文化基本元素，抓好非物质文化遗产保护传承，共同弘扬中华优秀传统文化，建设中华民族共有的精神家园。这为非物质文化遗产保护工作指明了方向。我们要按照“保护为主、抢救第一、合理利用、传承发展”的方针，继续推动浙江非物质文化遗产保护事业，与社会各方共同努力，传承好、弘扬好我省非物质文化遗产，为增强浙江文化软实力、推动浙江文化大发展大繁荣作出贡献！

（本序是夏宝龙同志任浙江省人民政府省长时所作）

前言

浙江省文化厅厅长 金兴盛

国务院已先后公布了三批国家级非物质文化遗产名录，我省荣获“三连冠”。国家级非物质文化遗产项目，具有重要的历史、文化、科学价值，具有典型性和代表性，是我们民族文化的基因、民族智慧的象征、民族精神的结晶，是历史文化的活化石，也是人类文化创造力的历史见证和人类文化多样性的生动展现。

为了保护好我省这些珍贵的文化资源，充分展示其独特的魅力，激发全社会参与“非遗”保护的文化自觉，自2007年始，浙江省文化厅、浙江省财政厅联合组织编撰“浙江省非物质文化遗产代表作丛书”。这套以浙江的国家级非物质文化遗产名录项目为内容的大型丛书，为每个“国遗”项目单独设卷，进行生动而全面的介绍，分期分批编撰出版。这套丛书力求体现知识性、可读性和史料性，兼具学术性。通过这一形式，对我省“国遗”项目进行系统的整理和记录，进行普及和宣传；通过这套丛书，可以对我省入选“国遗”的项目有一个透彻的认识和全面的了解。做好优秀传统文化的宣传推广，为弘扬中华优秀传统文化贡献一份力量，这是我们编撰这套丛书的初衷。

地域的文化差异和历史发展进程中的文化变迁，造就了形形色色、别致多样的非物质文化遗产。譬如穿越时空的水乡社戏，流传不绝的绍剧，声声入情的畲族民歌，活灵活现的平阳木偶戏，奇雄慧黠的永康九狮图，淳朴天然的浦江麦秆剪贴，如玉温润的黄岩翻簧竹雕，情深意长的双林绫绢织造技艺，一唱三叹的四明南词，意境悠远的浙派古琴，唯美清扬的临海词调，轻舞飞扬的青田鱼灯，势如奔雷的余杭滚灯，风情浓郁的畲族三月三，岁月留痕的绍兴石桥营造技艺，等等，这些中华文化符号就在我们身边，可以感知，可以赞美，可以惊叹。这些令人叹为观止的丰厚的文化遗产，经历了漫长的岁月，承载着五千年的历史文明，逐渐沉淀成为中华民族的精神性格和气质中不可替代的文化传统，并且深深地融入中华民族的精神血脉之中，积淀并润泽着当代民众和子孙后代的精神家园。

岁月更迭，物换星移。非物质文化遗产的璀璨绚丽，并不意味着它们会永远存在下去。随着经济全球化趋势的加快，非物质文化遗产的生存环境不断受到威胁，许多非物质文化遗产已经斑驳和脆弱，假如这个传承链在某个环节中断，它们也将随风飘逝。尊重历史，珍爱先人的创造，保护好、继承好、弘扬好人民群众的天才创造，传承和发展祖国的优秀文化传统，在今天显得如此迫切，如此重要，如此有意义。

非物质文化遗产所蕴含着的特有的精神价值、思维方式和创造能力，以一种无形的方式承续着中华文化之魂。浙江共有国家级非物质文化遗产项目187项，成为我国非物质文化遗产体系中不可或缺的重要内容。第一批“国遗”44个项目已全部出书；此次编撰出版的第二批“国遗”85个项目，是对原有工作的一种延续，将于2014年初全部出版；我们已部署第三批“国遗”58个项目的编撰出版工作。这项堪称工程浩大的工作，是我省“非遗”保护事业不断向纵深推进的标识之一，也是我省全面推进“国遗”项目保护的重要举措。出版这套丛书，是延续浙江历史人文脉络、推进文化强省建设的需要，也是建设社会主义核心价值体系的需要。

在浙江省委、省政府的高度重视下，我省坚持依法保护和科学保护，长远规划、分步实施，点面结合、讲求实效。以国家级项目保护为重点，以濒危项目保护为优先，以代表性传承人保护为核心，以文化传承发展为目标，采取有力措施，使非物质文化遗产在全社会得到确认、尊重和弘扬。由政府主导的这项宏伟事业，特别需要社会各界的携手参与，尤其需要学术理论界的关心与指导，上下同心，各方协力，共同担负起保护“非遗”的崇高责任。我省“非遗”事业蓬勃开展，呈现出一派兴旺的景象。

“非遗”事业已十年。十年追梦，十年变化，我们从一点一滴做起，一步一个脚印地前行。我省在不断推进“非遗”保护的进程中，守护着历史的光辉。未来十年“非遗”前行路，我们将坚守历史和时代赋予我们的光荣而艰巨的使命，再坚持，再努力，为促进“两富”现代化浙江建设，建设文化强省，续写中华文明的灿烂篇章作出积极贡献！

2013年11月20日

目录

序言 // PREFACE

春蚕不应老，昼夜常怀丝。

何惜微躯尽，缠绵自有时。

——南北朝·鲍令晖《蚕丝歌》

春蚕，一个神秘可敬的精灵，让世界变得如此多彩。

丝绵，是春蚕作茧后经过加工而成的一种丝产品，也是众多蚕丝产品中的一种。在余杭民间，有一个关于丝绵的传说。有一年冬天，天气特别寒冷，一个蚕妇因家境贫穷而没有过冬的棉衣，突然想起家中墙角还有一堆缫丝剩下的双宫茧。她想，这双宫茧虽不能缫丝，但丝条仍在，把那些丝条扯起来说不定也能保暖呢。想到这里，她便把那些茧子放在锅里煮，煮透后挖出蚕蛹，然后一个个扯了开来。那些茧子的丝条很韧，她扯呀扯呀，越扯越像棉花，她高兴极了，一口气将茧子全都扯成了一片一片的丝片，然后当作棉花翻在了衣服里。想不到这些丝片虽薄，竟比棉花还来得保暖。消息传开后，村坊里左邻右舍竞相仿制。由于它像棉花，又是用丝做成的，于是人们便把它叫作“丝绵”。这一传说让我们进一步理解了非物质文化遗产与人们的生活息息相关。

任何一项非物质文化遗产的产生，都缘于一定的自然环境和人文环境。很久以前，在余杭镇东南边，飞流直下的天目山水冲落在狮山下，回旋结穴而成一大潭，当地人称之为“狮子池”。池水悠悠，清澈见底，游鱼可数。附近农家在池水中漂洗煮透后制成的丝绵，色奇白，且呈玉色有光泽。从此，“余杭清水丝绵”名声大震，四面八方购买者趋之若鹜。

清水丝绵诞生在杭嘉湖平原的余杭，很是顺理成章。这里，江南水乡，土地肥沃，栽桑养蚕历史悠久；这里，人民勤劳，精耕细作，追求品质形成风尚；这里，男耕女织，丰衣足食，丝绸之府美名远扬。

余杭清水丝绵制作，从选茧、煮茧、清水漂洗到剥茧做“小兜”、扯绵撑“大兜”、甩绵兜、晒干，道道工序，纯手工操作，无不凝聚着劳动人民的智慧和创造力，也饱含了制绵人的不断探索和经验积累。正因为

序言 // PREFACE

余杭清水丝绵精巧的手工技艺及其所蕴含的人文价值，故而人皆爱之，爱其洁白如玉，爱其柔软如云，爱其温暖如火，爱其绿色环保。每逢秋冬季节，江南人家做丝绵，扯丝绵，翻丝绵被、丝绵袄、丝绵裤，成为乡村一道风景。家中如有女儿出嫁，娘家要翻上几条甚至十几条丝绵被作为陪嫁，让女儿带去夫家一生受用，此俗百余年来一直沿袭至今。

在传统农耕生产方式日益远去的今天，保护蚕桑丝织生产技艺及其相关民俗，是保护农耕文化的一项重要内容。余杭清水丝绵制作技艺于2008年6月被国务院公布为第二批国家级非物质文化遗产名录项目；2009年又作为“中国蚕桑丝织传统技艺”的一个子项目，被联合国科教文组织列入人类非物质文化遗产代表作名录。浙江省文化厅将余杭区塘栖镇塘北村列为杭嘉湖蚕桑丝织文化生态保护试验区之一。余杭区委、区政府在城市化快速推进的进程中，十分重视蚕桑丝织文化的生态保护，以塘栖镇塘北村为重点，编制了《塘北村蚕桑丝织文化生态实验区保护规划》，对蚕桑丝织文化生态实施整体性、生产性保护，扶持传承人开设清水丝绵作坊，培育新的制绵传承人。在塘北村推出清水丝绵制作、手工缫丝以及与此相关的打绵线、翻丝绵被等活态展示，组织中小学生参观，体验农家养蚕、剥丝绵、缫土丝等活动，为传承、弘扬蚕桑丝织传统文化开辟了新的途径。

编撰《余杭清水丝绵制作技艺》一书，是保护、传承清水丝绵制作技艺的又一方式。本书由杭州市余杭区文化广电新闻出版局组织编撰，编著者付出了许多艰辛的劳动。相信通过系统介绍余杭清水丝绵的产生及其制作技艺，能让更多的人了解它、保护它，使这项优秀的非物质文化遗产在传承中得到新的发展，为余杭的社会经济发展作出有益的贡献。

是为序。

杭州市余杭区文化广电新闻出版局局长　冯玉宝

2014年4月

余杭

概述

丝绵是利用蚕茧制成的天然保暖品，洁白柔和，轻巧保暖，百余年来深受江南百姓的喜爱。余杭清水丝绵的产生与传统的蚕桑丝织生产有着千丝万缕的关系，它的发展是完全依附于传统蚕桑生产，一步步演变而来的。

概述

余杭清水丝绵制作技艺于2008年6月被国务院公布为第二批国家级非物质文化遗产。2009年，该技艺又作为“中国蚕桑丝织传统技艺”的一个子项目，被联合国教科文组织列入“人类非物质文化遗产代表作名录”。

余杭清水丝绵制作技艺是伴随着养蚕缫丝活动形成的，因此，要了解清水丝绵，还得从蚕桑生产说起。

[壹]余杭蚕桑生产的历史渊源

余杭位于杭嘉湖平原的中心地段，境内河流纵横，池塘密布，土地肥沃，物产丰富，历史上曾是著名的蚕乡，其蚕桑生产的收益一直是当地农民的主要收入来源。据目前所掌握的资料分析，这里虽然很早就栽桑养蚕，但其快速发展却与南宋王朝有关。宋室南迁时，大量的北方人跟着皇室来到南方，把当时北方的先进养蚕技艺带入杭州一带。杭州运河流域的水土条件更适合养蚕，故这里的蚕桑生产一下子兴盛起来。久而久之，杭嘉湖一带水乡平原就发展成了闻名天下的“丝绸之府”。

蚕桑丝织生产历史在余杭极为悠久。据《考古》杂志1959年第3

蚕乡茂盛的桑林（褚良明 摄）

塘栖镇塘北村的桑地（谢伟洪 摄）

期记载：1958年我国考古部门在余杭县境内挖掘出一座汉墓，死者朱乐昌夫妇身上盖有丝麻织物的被子。由此可以推论，余杭大约在汉代时就有蚕桑丝织生产了。到了两晋时期，临平一带培育出一种名叫“条桑”的优良桑树品种，为发展蚕桑生产提供了一定的条件，此事在沈谦所撰的《临平记》中有所记载。唐代，蚕桑丝织在余杭已经十分盛行，翟灏在《艮山杂志》中谈到“钱唐郭外东北为蚕桑地”，栽桑育蚕已成为乡民的主业。唐开元年间，据《元和郡县志》记载，余杭、钱唐、仁和一带岁贡绯绫、纹绫、白编绫，其中尤以柿蒂花纹的绫为最优，大诗人白居易在杭州为官时对这种绫十分欣赏，留下了“红袖织绫夸柿蒂”的赞语。到了宋代初期，统治者大力发展蚕丝业，曾推出一项名为“和买绢”的政策，即在春初百姓需要养蚕时，由官府预支本钱于乡民，蚕收后乡民用织好的绢去偿还本钱，若绢值八百，则贷钱一千。这一政策极大地刺激了老百姓养蚕的积极性，也从根本上解决了乡民养蚕的成本问题，一时间，家家户户都成了蚕农，养蚕成为余杭各家各户的第一件大事。据《咸淳临安志》记载，宋时钱唐、仁和、余杭一带盛产丝绸，这其实与“和买绢”政策有着极大的关系。

蚕桑生产的快速发展，与它所产生的经济效益也有莫大关系。在早期的农副产业中，蚕桑绝对是项时间短、收效快的产业，它的收益要比种粮食高出三倍以上。据清代浙江各县的县志记载，清初浙江各地的丝价大约为每斤一两银子，而粮价在顺治至康熙年间（1644—1722）大约为每石五钱至一两银子。根据《张氏补农书》的记载来换算，每亩产桑叶一千多斤，喂蚕后可获丝十斤左右，即可换得十两左右银子，而当时每亩所产粮食约为三石，可见种桑养蚕的收益要比种粮食多三倍以上。再加上余杭水乡地势独特，养鱼的池塘星罗棋布，池塘中的污泥可挖起来用作桑树肥料，而养蚕产生的蚕粪又可倒入池塘中去喂鱼，形成了一条生态链，称为“桑基鱼塘”。“桑基鱼塘”的生态链，使蚕桑生产与池塘养鱼形成了互补。在利益的驱使下，余杭及周边的蚕桑生产发展甚速，每逢养蚕季节，

"如飞双桨买桑还，梁头挑灯夜放船"的情景十分常见。

在旧时，余杭农家除了吃饭靠种田外，其他开销主要就靠蚕桑收入，蚕桑收成的好坏决定着一户人家的富裕程度，蚕农对栽桑养蚕的重视也就可想而知了。这些年，我们在余杭一带的蚕乡展开了深入的调查，得知直到改革开放的前几年，蚕桑生产的收入还在农户的全家经济收入中占有主要地位。我们在余杭区塘栖镇塘北村作了详细调查，承包到户的第一年1982年到1984年，该村农户的养蚕收入基本上占总收入的40%到60%；之后，随着乡镇企业的发展及城乡建设的突飞猛进，挣钱的渠道多了，纯农业收入的比重开始下降，蚕桑收入才显得不那么重要。我们还从一些老人口中收录了不少与

农家屋后的桑地（谢伟洪 摄）

蚕宝宝第一次开桑（褚良明 摄）

育蚕（谢伟洪 摄）

养蚕相关的农谚，如“种得一亩桑，可免一家荒”，“种桑养蚕，一树桑叶一树钱”，“种桑三年，采桑一世”，“要钞票，多种桑”，“蓬头束脚一个月，舒舒服服吃一年”。这些农谚高度肯定了旧时蚕桑生产的作用，“家有百株桑，一家吃勿光”，从中可以看出蚕桑业在农民心目中的地位。

包括余杭在内的江南栽桑养蚕在清朝时到达顶峰，这与清政府重视蚕桑生产有很大关系。乾隆皇帝对蚕桑业极为重视，每次下江南都要浙江巡抚奏报蚕收情况。在政府的重视下，杭嘉湖平原处处桑树成林，成了蚕丝的主要产区。“公私仰给，惟蚕丝是赖。”“四月

给蚕宝宝“搭山头”（丰国需 摄）

吐丝结茧（丰国需 摄）

蚕宝宝上山（丰国需 摄）

为蚕月，养蚕之家各闭户。”这样的记载，遍及杭嘉湖一带各种版本的地方志。每逢蚕事，家家户户闭门不出，忙于育蚕，连私塾都暂停教学，称“放蚕忙”，官府也“暂停诉讼”呢。

蚕桑生产的最终产品是蚕丝，即蚕茧缫成的丝。过去是手工缫丝，缫制的蚕丝被称作“土丝”，是旧时余杭最为出名的一项大宗物产。余杭素称“丝绸之府”，生产的蚕丝远近闻名。

余杭的土丝生产在清代前期最为鼎盛，几乎遍及各乡，其中以塘栖最为有名。据清《唐栖志》记载：“唐栖田少，遍地宜桑，春夏间一片绿云，几无隙地。剪声梯影，无村不然。出丝之多，甲为一邑，为生植大宗。”清代，湖州出产的蚕丝闻名于世，被称作“湖丝”，而“湖丝”中的相当一部分便出自塘栖。因制作技法不同，土丝可分为肥丝和细丝两种，塘栖一带肥丝、细丝均有，但以肥丝为主，并以肥丝出名，是织锦业中用作纬丝的好材料。据民国时期的《工商半月刊》记载，织造著名的南京贡缎云锦所用的纬丝，即以塘栖和新市一带出产之土丝为佳。

旧时，余杭养蚕人家除少数卖茧外，其余大部分在养蚕结茧之后都是自行手工缫丝后再拿到市场上去卖的，这样的收益相比卖茧要高一点。于是，每当蚕熟茧成之后，余杭乡村又会掀起一个缫制土丝的高潮，家家户户开起手工作坊，自行缫丝。

缫土丝使用的工具是一种木制的缫丝车。据相关资料记载，

缫土丝（谢伟洪 摄）

我国最原始的缫丝方法是先将蚕茧放在倒满热水的盆中浸泡，然后用手抽丝，卷绕于丝筐上，那些盆、筐便是最原始的缫丝器具了。大约到元代，才出现了手工缫丝车。这种缫丝车是木制的，几根柱子撑起一个支架，中间有丝车，丝车下有传动轴，通过人工脚踏来使丝车旋转。到了清代，木制丝车经过改良，在蚕乡得到了普及。那时，余杭蚕乡几乎家家户户都置有丝车，这些丝车都用硬木制成，坚固耐用，一代一代往下传，直到现在，还有一些清代的丝车被完好地保留下来，比如在塘栖的塘北村还保留有清咸丰九年（1859）的木制缫丝车。

光有缫丝车还不够，人们在丝车旁搭一只大的行灶，用来煮茧，这种行灶下面有四只脚，搬动方便。缫丝时一般由两人共同操作，一人脚踏传动板，手持竹丝掌，捞起茧上丝头，绕在轴头上；另一人则专门负责准备蚕茧、添茧入锅、烧炉加水等辅助工作。在乡间，缫丝大都为夫妇或姑嫂两人合作。缫丝时对水的要求很高，民间认为“水重则丝韧”，好水才能出好丝。据《浙江丝绸史》记载，旧时塘栖泗水庵内龙泉水井之水，是远近闻名的缫丝用水。缫工们还十分讲究“出水干”，即要求刚缫出的丝见光后就能迅速干燥。因此，有的操作者会在丝车底下放上一盆炭火，靠掌握炭火的火候及脚踏丝车的速度来达到“出水干”。缫丝时对烧火用的柴也很讲究，栗柴最佳，桑柴次之，切不可烧香樟。

塘栖塘北村保存的清代缫丝车（丰国需 摄）

过去的土丝，在出售时是以“两”为单位来计算重量的，一般十两为一车，四车为一把，出售时论“把”。若缫粗丝，往往一天就能缫出一车；而细丝则一天半或两天才能缫出一车。

在清代和民国时期，余杭乡镇的土丝生产和销售都十分兴旺，一些大镇上都有商家设丝行进行土丝买卖，特别是塘栖镇，大小丝行林立，至今还留下了“丝行弄”的地名。

[贰]余杭清水丝绵简介

余杭清水丝绵，是丝绵的一个品牌。丝绵是蚕桑生产的副产品，是利用蚕茧制成的天然保暖品，其所有成分均来自蚕茧本身，没有半点添加物质。清水丝绵的成品洁白、无味、轻盈、柔和，用时髦的话来说，它是一种绿色环保的保暖品。天然的桑蚕丝中含有独特的“丝胶”成分，具有一定的抗过敏作用，所以长期使用丝绵被和丝绵衣裤，对人体健康很有好处。据现代科学分析，桑蚕丝的丝胶成分中含有18种氨基酸，这些氨基酸的细微因子又叫“睡眠因子”，可以使人的神经处于比较安定的状态，因此，盖丝绵被能促进睡眠。除此之外，丝绵还具有良好的御寒性，有着“纤维皇后”的美誉，它的网状结构有一定的强伸力，长期使用仍能保持蓬松。丝绵还是“打绵线”的主要原材料，用丝绵打成的绵线，旧时用来织绸，称“绵绸”，极为细软，不但是极佳的被面料子，也是百姓所喜爱的绸衫料子。

正因为丝绵有着这么多优点，旧时人们把丝绵当作一种高档的保暖品，每逢冬季，都用丝绵来翻制绵被、绵袄、绵裤和绵背心。特别是丝绵被，有一定的吸潮作用，能保持被内干爽，盖在身上犹如轻柔的云絮缠绕，特别轻巧保暖。千百年来，丝绵被深受江南百姓的喜爱，如有姑娘出嫁，娘家往往要翻上几条甚至十几条丝绵被作为陪嫁，此俗一直延续至今。现在市场上出现了羽绒、驼绒、鸭绒等填充的棉被或棉衣，但余杭清水丝绵还是受到相当大的人群的喜爱，特别在江南一带，还有着一定的市场。

具体来讲，清水丝绵是怎样产生的呢？它是缫丝过程中形成的副产品，也是众多蚕丝产品中的一种。

在蚕桑生产中，蚕熟了要结茧，由于种种原因，会产生一些这样或那样的次品茧，如两条蚕做成一个茧的双宫茧，以及穿孔茧、乌头茧、黄斑茧、污烂茧、搭壳茧等等。这些次品茧的吐丝结茧没有规律，丝绪紊乱，再巧的手也无法缫出丝来，故蚕农将它们全都归入次品茧的行列。对于这些次品茧，蚕农觉得很可惜，一条蚕从小养到大，一直养到吐丝结茧，实在很不容易，因此大家都舍不得丢掉，就想办法对次品茧进行利用，制作丝绵。可以说，丝绵其实是一种废物利用的产品，我们的先辈利用自己的一双巧手，将“废”变成了“宝”。

到底是谁最早制作丝绵，又是如何想到要制作丝绵的，这就和何时开始缫丝一样，很难找到确切的记载，也不可能有这样的记载。但说起余杭清水丝绵的来历，在塘栖一带蚕乡流传着这样的传说。很久以前，一年冬天，天气特别冷，塘栖有个蚕妇因家里穷，没有过冬的棉衣，突然想起家中墙角还有一堆缫丝剩下来的双宫茧。她想，茧子缫成丝可以做衣服，如今这双宫茧虽然不能缫丝，但它的丝条仍在，把那些丝条扯起来，说不定也能起到保暖的作用。想到这里，她便把那些茧子放到锅里去煮，煮透后挖出蚕蛹，把茧子一个个扯了开来。茧子的丝条很韧，她扯呀扯呀，越扯越像棉花。蚕妇高兴极了，一口气将茧子全都扯成了丝片，然后又将丝片当作棉花翻在衣服里，做成了棉衣。想不到这些茧子扯成的丝片虽然很薄，竟比棉花还来得保暖。她开心极了，逢人就说自己的这一“创举”。邻居们大受启发，养蚕人家谁没有一些缫丝剩下来的次品茧呀，于是左邻右舍竞相仿制。由于这样的丝片像棉花一样，又是丝质的，人们便把它叫作“丝绵”。

这个传说说明了一个道理：人们是在劳动中创造了丝绵，是人们的聪明才智把“废”变成了“宝”。而这清水丝绵的诞生，使蚕宝宝身上的一切都成了宝贝，浑身上下没有一点需要丢掉的东西。

时间一长，大家领略到了这丝绵的好处，丝绵产品也慢慢地从农家自用发展为上市销售的商品。越来越多的人喜欢上了丝绵，丝绵从缫丝过程中产生的副产品变成了蚕丝业的重要产品。有些蚕农干脆开起了家庭作坊，专门生产丝绵；一些商家看到了商机，开出专门的商号，做起了丝绵的收购和出售生意。

在长期的缫丝生产过程中，余杭蚕农总结出一些经验，如“水清则丝白”、“水重则丝韧”，好水才能出好丝。在制作丝绵时，蚕农也把这些经验运用上去，用水质优良的清水来制作丝绵。据《浙江丝绸史》介绍，历史上，塘栖泗水庵内龙泉水井之水、余杭狮子山麓“狮子池”之水，都是清澈见底的好水，当地乡民取这些水来制丝或制绵。由于用了好水，余杭出产的丝绵特别洁白，被称为“清水丝绵”。随着岁月的流逝，余杭清水丝绵的品牌便打响了，还曾作为皇家贡品。清水丝绵一时成了市场的宠儿，江南一带凡家境稍微富裕点的人家，几乎都置有丝绵被、丝绵袄和丝绵裤。家里若有女儿出嫁，无论多穷，都要千方百计地买来清水丝绵，翻上一两条丝绵被，作为嫁妆。

余杭清水丝绵的产生与传统的蚕桑丝织生产有着千丝万缕的关系，它的发展完全是依附于传统蚕桑生产，一步步演变而来的。

自古以来，蚕农都是“择茧之细白者以缫丝、次者制绵”（《嘉庆余杭县志》），故蚕桑生产的快速发展势必带动制绵业的发展，余杭一带所产的品质精良的清水丝绵，到宋代就成了贡品。从宋代起，浙江上调的丝绵占全国上调量的三分之二以上。《咸淳贡赋志》记载：“钱塘、仁和、余杭、临安、於潜、富阳、新城（新登）、盐官

（海宁）、昌化九县岁解绵……以同功（宫）茧与出娥蚕非缫丝者湅为绵，今余杭所出为佳。”相传南宋赵构建都临安（杭州）时，特谕把余杭丝绵列入贡品。元、明亦然，据《杭州府志》记载，“杭州（余杭郡）岁贡绵”。清时，余杭丝绵名声更大，康熙年间曾远销日本。清宣统二年（1910），由两江总督端方提议的规模盛大的“南洋劝业会”在南京举办，这是我国历史上第一次由官方主办的国际性博览会。根据清政府的要求，各省份选送本省的优质产品及主要的土特产品参展，余杭清水丝绵也被推荐参加展出。“南洋劝业会”盛况空前，吸引了近30万参观者，美国、日本都派代表团前来参观。余杭清水丝绵因其洁白柔软的品质得到了国内外商家的好评，获了大奖。

《余杭县志》封面（余杭区非遗办 提供）

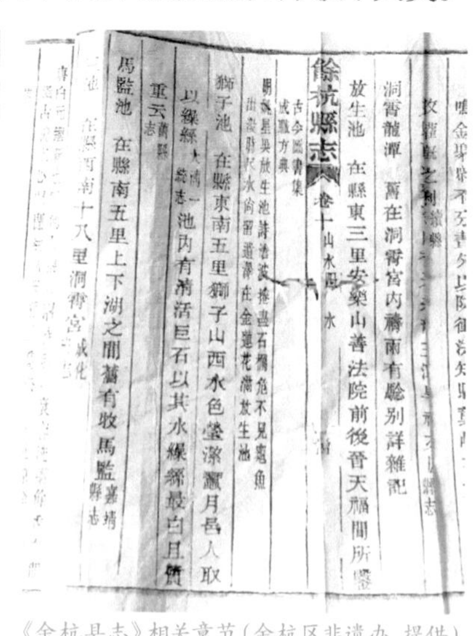
洞霄龍潭 舊在洞霄宮內禱雨有驗别詳雜記
放生池 在縣東三里安樂山善法院前後晉天福間所鑿
餘杭縣志 卷十 山水
古今圖書集成職方典
獅子池 在縣東南五里獅子山西水色瑩潔灑月邑人取以繅絲 大清一統志
池內有清活巨石以其水繅絲最白且質
重云 舊縣志
馬監池 在縣南五里上下湖之間舊有牧馬監 嘉靖縣志
在縣西南十八里洞霄宮 成化

《余杭县志》相关章节（余杭区非遗办 提供）

1929年，首届“西湖博览会”在杭州举行，这是中国会展史上一次规模较大、影响深远的展销会。博览会共设八个馆，其中一个是丝绸馆，充分展示了浙江地方名产的特色，余杭苏晋卿丝绵作坊制作的优质清水丝绵被评为特等奖。

初期的余杭清水丝绵生产，由于蚕农家中适宜制绵的次品茧不会太多，故均是一家一户“单打独斗”，女的制绵，男的做辅助工作。后来，逐步发展成“伴工做”。“伴工做”相当于现在的互助组，即邻

做小兜（谢伟洪 摄）

舍隔壁互相帮忙，今天我来你家帮你做，明天你来我家帮我做。“伴工做”的优越性是干活不累，几个人在一起说说笑笑，很快就把一大堆丝绵剥完了，所以很受蚕妇欢迎。大约清代末期，又在“伴工做”的基础上发展成家庭小作坊，丝绵开始了作坊化生产。一些有经营头脑的人从中看到商机，于是聘请若干农村妇女，在家

做大兜（谢伟洪 摄）

整理（褚良明 摄）

晒丝绵

中设工场生产清水丝绵。清代余杭县城有个姓苏的商人，看到余杭通济桥下首水中铺有一块又长又厚的青石板，能使河水急疾宣泄。他深谙“石上泉水清”的道理，认为用这里的水来制作丝绵一定不错，于是在桥边开起作坊，雇工制作清水丝绵。这个作坊生产的清水丝绵果然质量优异，还在南洋劝业会上得了奖。民国时期，随着丝绵的一路走俏，余杭各地的丝绵作坊就更多了。据老人回忆，当时余杭、塘栖、临平等大镇几乎都有商家开设丝绵作坊，但苦于资料缺失，难以一一罗列。民国时余杭的丝绵作坊要算苏晋卿家最为出名，他是前面提及的那位苏姓商人的后人，他继承祖业，制作的清水丝绵曾在西湖博览会上获得特等奖。

新中国成立之后，余杭的丝绵生产得到了快速发展。1965年，57名女职工组织起来，在余杭镇孙家弄濒苕溪处办起丝绵加工场，生产清水丝绵，产品销往江、浙、沪。到了20世纪90年代初，该丝绵加工场发展成为杭州市余杭丝绸厂，除缫丝织绸外，仍生产传统名产清水丝绵，后因其他填充物出现、传统的丝绵产品效益不高才歇业。在塘栖，20世纪60年代末至70年代，丁河的一些女工组织起来，在水北开设丝绵加工场，生产红牌清水丝绵，曾经火爆一时。该加工场也在90年代初因经济效益不高而歇业。

成品（褚良明 摄）

在民间，家庭制作清水丝绵一直没间断过。这些家庭加工丝绵，主要是为了自家之需，其制作技艺也主要是在这个过程中由母女相传或婆媳相传的。20世纪80年代以前，养蚕人家几乎家家户户都制作丝绵。近十几年来，蚕桑生产的效益不高，养蚕人家逐年减少，丝绵生产更是少之又少，全区仅塘栖镇丁河村还有一家农户在作坊式生产清水丝绵，在余杭街道的下陡门村、塘栖的塘北村及运河镇、仁和镇的部分村落，还有人零星生产清水丝绵，但主要用于家庭。现状告诉我们，保护余杭清水丝绵制作技艺已经刻不容缓。

千百年来，余杭清水丝绵因其独特的品质成为一块响当当的品牌，得到了不少荣誉，深受各地客商好评。清水丝绵的制作技艺，也一直传承至今。近年来，随着化纤工业的发展，丝绵生产开始走下坡路，这是不争的事实，制作丝绵的个人和作坊越来越少，这一技艺需要得到保护和传承。目前，“余杭清水丝绵制作技艺”已成为国家级非物质文化遗产保护对象，并随着“中国蚕桑丝织技艺”进入了联合国的“非遗”保护名录，这将对余杭清水丝绵制作技艺的保护起到极大的作用。

余杭

余杭清水丝绵的制作技艺

古往今来，余杭清水丝绵一直以手工制作，并没有专门的机械设备。制作清水丝绵要用到布袋、铁锅、木盆、水缸、竹竿、绵扩等工具，制作工序有选茧、煮茧、冲洗、剥茧、做小兜、做大兜、晒干等环节。

余杭清水丝绵的制作技艺

丝绵制作在蚕乡由来已久，是一种纯手工技艺。明代科学家宋应星在《天工开物》一书中就记载了丝绵的制作技艺，他在“造绵”一节中写道：“凡双茧并缫丝锅底零余，并出种茧壳，皆绪断乱不可为丝，用以取绵。用稻灰水煮过（不宜石灰），倾入清水盆内。手大指去甲净尽，指头顶开四个，四四数足，用拳项开又四四十六拳数，然后上小竹弓。此《庄子》所谓洴澼絖也。”“湖绵独白净清化者，总缘手法之妙。上弓之时惟取快捷，带水扩开。若稍缓水流去，则结块不尽解，而色不纯白矣。”宋应星观察细致，叙述清楚，将丝绵的洁白归功于操作者“手法之妙”，由此可见熟练的技艺在清水丝绵制作中的重要性。

《天工开物》一书初刊于1637年，至今已近四百年，丝绵的制作技艺由蚕农一代代传承下来，直到现在，除煮茧方面有些微小的变化外，其剥丝绵的过程基本延续了当时的技法。换句话说，蚕农把明代的制绵古法完整地保留到了今天。

[壹]清水丝绵的制作工具

古往今来，余杭清水丝绵一直用手工制作，并没有专门的机械设备，只是在制作过程中要用到一些工具。

工具，一般是指人们在生产过程中用到的器具。这些器具中有些是这项生产活动必不可少的，甚至是为这项生产活动特制的，故又称“专用工具”。

制作余杭清水丝绵是一项手工活，主要靠手上的技巧，所需工具大都是一些普通的、常见的家用盛物器具，只有布袋和竹弓（当地称“绵扩”）这两样工具是特制的，称得上制作清水丝绵的专用工具。后来逐步进入作坊化生产，大多数器具也由操作者各自从家中带来，还是那些形状不一的生活用具。

制作清水丝绵，大致要用到以下工具。

布袋

布袋是用来装茧子的。做丝绵，第一道工序是煮茧，在煮茧前，

布袋（褚良明 摄）

先得把茧子装入一只只布袋，再将装满茧子的布袋放到铁锅中去煮。这装茧子的布袋是为做丝绵专门制作的，均用原色白布制成，长尺余，宽约半尺，以可装一斤半到两斤茧子为宜。这布袋看起来十分普通，布料却有讲究，不能用染过色的布料，否则煮的时候其染料会对茧子的质量产生一定影响。现在，这种原色白布已无人生产，故一些生产清水丝绵的作坊用网袋替代。

铁锅

铁锅是煮茧子用的。制作清水丝绵，首先要将茧子放在铁锅中煮，从而溶解茧子的丝胶，使茧层发松，这样才可以用手剥茧。过去一家一户制作丝绵，并不是天天都做，量也不多，故煮茧就用家里普

已装满茧包的大锅

通的烧饭锅，并没有专用的铁锅。如今，一些生产清水丝绵的作坊，其生产量大，生产也经常化，故其铁锅是固定专用的大铁锅，并在大铁锅上装一只特制的木桶，使得每次能煮相当数量的茧子。

木盆

剥丝绵时要用到木盆。木盆在旧时是家家户户都有的普通盛器，有大有小。在制作清水丝绵时，这木盆是用来剥茧子、做小兜的。煮透的茧子，再用清水漂洗完毕，然后放在盛水的木盆里，人们在这木盆上搁一块小木板，便可动手剥茧了。过去人们常拿家中的木制脚盆来用，大小不论，以大者为宜。作坊化生产后，用的还是日常的木盆。现在木盆不多见了，也有人用塑料盆替代。

脚盆与绵扩（褚良明 摄）

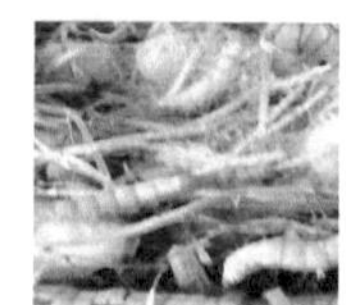

缸

缸是一种大型的陶制容器，旧时，江南家家户户都有几只缸，用

水缸（褚良明 摄）

水池（褚良明 摄）

来盛米、盛水，故有水缸、米缸之名。制作清水丝绵所需的是小水缸，在“做大兜”阶段要在水缸上操作。也有人是使用木盆来操作的，但木盆比较低，人蹲下去不方便，往往需要用凳子将它垫高。再加上木盆一般都较浅，盛的水少，而小水缸既高又深，可盛大量的水，操作起来比较方便。所以，人们在“做大兜”时用水缸比较普遍。

竹竿

竹竿是用来晾晒丝绵的。做好的丝绵绞干甩松后要一帖帖串到竹竿上去晾晒，晒干后才是成品。过去一家一户制作丝绵，制作量不多，竹竿大都取家中晾晒衣服的竹竿。后来，一些作坊生产清水丝绵，所需的竹竿很多，都是为晒丝绵专门配备的了。

绵扩

绵扩就是“竹弓”，在制作清水丝绵的各种工具中，唯有这绵扩是专用工具。绵扩一般都是蚕农请人制作的，制作时取一段竹片，约两尺长，削成约一厘米宽的薄片，弯成弧形，下面用另一根竹片加以固定，使之成为一个半圆形的竹框，就完成了。操作时将绵扩放在盛水的缸里，有的还在下面吊一个坠子，让它平稳地浮在水面上。

在余杭一带，制作清水丝绵的工具除了绵扩还算统一外，其余的都是就地取材，大小不一，形状不一；但是，人们利用自己的巧手，制成的清水丝绵却几乎是一样的。

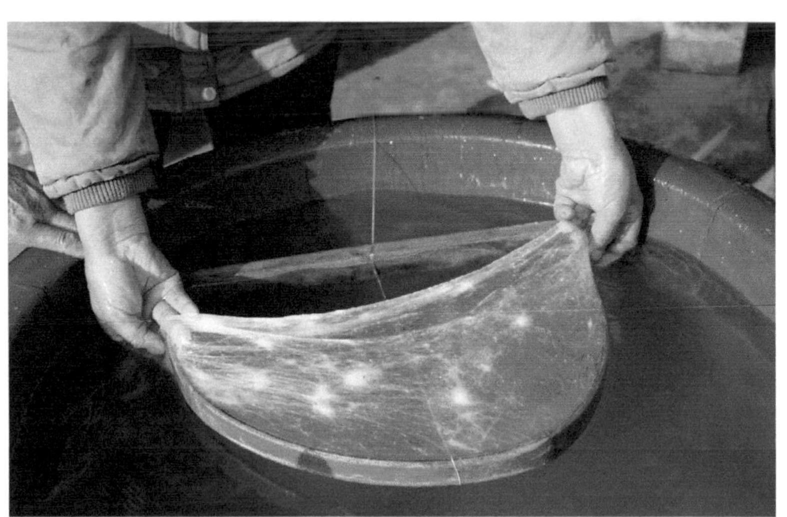

脚盆与绵扩（褚良明 摄）

[贰]清水丝绵的制作工序

清水丝绵在余杭各地蚕乡都有制作，以余杭镇和塘栖镇为最盛。在旧时，蚕农缫完丝后，就用次品茧制作丝绵，天长日久，形成了一整套工序。其制作技艺讲究“清”、“纯”、“匀”三字，即水要清，水清则绵白；绵要纯，杂质要去净；兜要匀，厚薄要均匀。

制作清水丝绵的环节不多，分选茧、煮茧、冲洗、剥茧、做小兜、做大兜、晒干这几步。这些工序环环相扣，每一环节的好坏都会直接影响丝绵的质量。

选茧

在过去，丝绵是用不能缫丝的次品茧做的。蚕宝宝结茧时，由

选茧（唐永春 摄）

装茧(褚良明 摄)

于种种原因，会产生一些次品茧，比如两条或两条以上的蚕挤在一起做成了一个茧，就成了双宫茧，又称同宫茧。这种茧的茧体特别大，但由于是两条或多条蚕一起做成的，里面的丝条紊乱，没有头绪，无法缫出丝来。除双宫茧外，还有穿孔茧、乌头茧、搭壳茧、烂污茧，这些茧都不能缫丝，全都归入次品茧的行列。蚕民觉得丢掉可惜，就用来制作清水丝绵。现在家家户户都不缫丝了，养蚕人家偶尔做些丝绵，就用自家卖茧时剩下的次品茧做；而那些丝绵作坊，则是专门向缫丝厂购买次品茧来制作丝绵。

煮茧

煮茧前先得准备一批原色粗布小口袋，大小以能装两斤左右的

烧火（褚良明 摄）

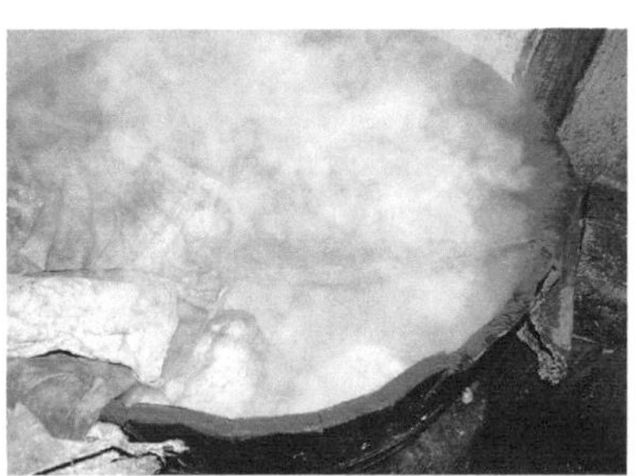
煮茧（褚良明 摄）

起锅（文闻 摄）

茧子为宜，然后在口袋中装上茧子，将袋口扎牢，放入大铁锅中去煮。据《天工开物》记载，明代时煮茧需用“稻灰水煮过”，如今有了变化。煮时水加至与茧面齐平，再根据锅的大小和茧量的多少放些老碱和香油，一般的锅子每锅需放老碱二两、香油两汤匙，能使茧层发松、易剥。煮茧的目的是溶解茧子中的丝胶，使茧层发松，故要煮透。煮茧对火候很讲究，需用旺火猛煮，约煮一个小时，此时茧子已经煮透了，茧子中的丝胶基本溶解，茧层也开始发松了。然后就可以熄火起锅，此时的茧子还是装在袋子里，连袋子拿去河边冲洗。

冲洗

冲洗时茧子还在袋子里，需要连袋一起冲洗。这可是个力气活，一般都是由家中的壮年汉子干的。由于煮茧时放入了老碱，故在冲洗时要将茧子中的碱水洗净、蛹油挤出，如有残余会直接影响丝绵的质量。人们把装着茧子的布袋拿到河埠头，放在石阶上，用脚踏，用手搓，边踏边冲，反复进行，要把茧子中的碱水和蛹油统统挤出洗净才算完成。此时再打开布袋，将茧子倒出，放在大盆或脚盆里，再放入清水漂洗，漂过的茧子便可动手扯绵兜了。这一过程讲究的是一个“清”字，水要清，水清则绵白。旧时，余杭狮子山山麓有一口很大的水潭，潭中之水来自天目山，飞流直下的天目山水撞到狮子山后回旋结穴，当地人称此潭为“狮子池”。狮子池的水清澈见底，

洗茧（文闻 摄）

四邻八乡的乡民均来此取水制丝绵，使得狮子池边热闹非凡。清嘉庆年间编纂的《嘉庆余杭县志》也留下了这样的记载："以其水缫丝（含制绵）最白，且质重云。"后来，也有人用南苕溪上通济桥下的水、塘栖泗水庵内龙泉水井之水制绵，从而保证绵的洁白。

做小兜

冲洗完茧子，讲究的人家还要用清水浸上一夜，这才开始"做小兜"。"做小兜"和"做大兜"一样，是技术活，丝绵的纯净和均匀程度大都取决于"做小兜"和"做大兜"水平的高低。在整个清水丝绵的制作过程中，男人们都是做些装袋、煮茧、冲洗、晾晒的辅助性工作，核心环节"做小兜"和"做大兜"向来是由妇女来做。"做

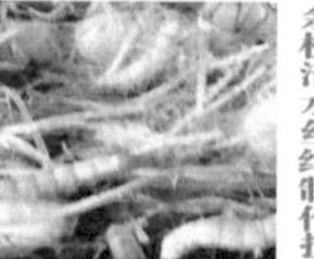

做小兜(唐永春 摄)

小兜”时，将冲洗干净的茧子倒入木盆中，在盆上置一块木板，横放，再在盆中加上洁净的清水，几个妇女围在盆边，动手剥茧。正如《天工开物》描绘的那样，操作者要将大拇指的指甲剪净，坐在各自的木盆旁边，将茧子一颗颗从水中捞出来。捞出一颗剥开一颗，去掉里面的蚕蛹，用双手把剥开的茧子用力扯大，像戴手套一样套在自己的手上。第一步扯大的过程是横扯，戴到手上去的过程是竖扯，这样既横扯又竖扯，均匀地把茧子扯大。一般手上套四颗茧子后，就得除下来，即是半成品，称“小兜”，一帖帖放在盆上的那块木板上。至此，“小兜”算是做好了。

做大兜

“做大兜”的是手艺最好的人，一般都用小水缸，在缸上安上一个绵扩，下面挂一坠子，让它浮于水中，然后拿起“小兜”，双手用力横扯，将它绷到绵扩上去，再竖扯，让它绷满绵扩。“小兜”绷上绵扩后，逐步扯开扯匀，扯薄边缘，敲掉生块，捡净附在上面的杂质。一般连续绷上三到四个“小兜”（操作者凭经验视水中丝绵的厚薄而定），就可以取下来，成为一个厚薄均匀、毫无杂质的“大兜”。“做小兜”、“做大兜”讲究的是“纯”和“匀”，要将杂质全部挑掉，将丝绵扯得厚薄均匀，这是保证丝绵质量的关键，清水丝绵的制作技艺，也在这两个环节中最充分地体现出来。“做大兜”就是《天工开物》中的“上弓”，这是丝绵制作的核心环节，讲究眼快手

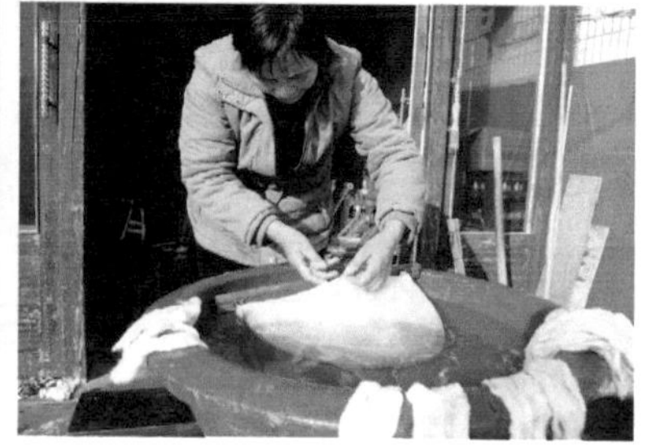

做大兜（褚良明 摄）

快，带水上弓。

过去一家一户做丝绵，人手少，大都是按部就班，做完了“小兜”再做“大兜”。后来，随着需求量的增加，丝绵生产逐步作坊化，人手自然就多了起来，于是，一边有人“做小兜”，一边有人“做大兜”，形成了一条龙系列化生产。

晒干

“大兜”做好后，便可脱下绵扩，用双手将水绞干，放在一边，五个一堆码放整齐。然后再把绵扩放在凳子上，将绞干后的“大兜”甩松，在绵扩上套一下，使其成型，再取出来挥挺，分左右两堆斗角堆

晒干（唐永春 摄）

放。最后用针线将这些绵兜的对角处串起来，一串串地挂在竹竿上晒，晒干后便是丝绵的成品，可以自用或者出售了。

[叁]清水丝绵的后期整理

晒干后的清水丝绵已经是成品了，如是自用，从竹竿上取下来即可留作备用了；如果是要出售，那么还得给丝绵以包装，还有一些后期整理的活计。

清水丝绵的后期整理工作，就是将成品加以包装。丝绵一直以来都是论斤卖的，故旧时丝绵作坊在后期整理时，往往将一个个绵兜拉挺，一斤丝绵叠放在一起，作为一个整体包装起来。按余杭当

成品（褚良明 摄）

整理（褚良明 摄）

整理成品（文闻 摄）

整理成品（文闻 摄）

地的传统，一直是以丝绵包装丝绵，没有任何其他的包装物。所谓的用丝绵包装丝绵，就是取一个绵兜扯开，将其余的全都装在里面，扯挺后即是包装完毕的一斤丝绵了。直到目前，余杭的清水丝绵还没有出现过外包装。

过去作坊化生产和工场化生产的时候，在包装时还有一道手续，就是在这丝绵中放上自家作坊的牌号或商标。这牌号或商标也不用外包装，只是一张小纸片，一般插在最外层那个绵兜里面，绵兜本身较薄，扯开后几乎透明，插在绵兜里的牌号或商标能一目了然。二十世纪六七十年代，余杭镇上的丝绵加工场曾以“牡丹”牌为商标，而其他乡镇的丝绵加工场大都没有商标，只是在丝绵上插一张红纸或黄纸，纸上印有“红牌”或“黄牌”字样，“红牌”相比“黄牌”来说，质量要高一个等级。一些私人小作坊在包装上更为简单，只在丝绵中插一张小红纸，就算“红牌”丝绵了。

借着好水的光，余杭出产的的清水丝绵不同凡响，厚薄均匀、手感柔滑、弹性好、拉力强，一直以来深受消费者的喜爱。

[肆]清水丝绵的再加工

清水丝绵除了有保暖作用，可做衣、裤、被的填充物外，还是绵绸生产的主要原料。旧时，余杭蚕乡的蚕农都用丝绵来打绵线，以绵线织绵绸。

这里说的绵绸，不是那种粘胶纤维纺制的绵绸，而是用传统手工技艺纺制的平纹绸。绵线有两种，一种用不能剥绵兜的软茧和丝吐等下脚料打制，一种用清水丝绵打制。下脚料打成的绵线只能织粗绸，而用清水丝绵打成的绵线织出来的就是细绵绸。细绵绸柔软均匀，透气性好，旧时都用来做被面和夏天的绸衫。现在六十多岁的蚕乡妇女，她们做新娘子时陪嫁的被子中都有一条细绵绸被面的被子。

提起绵绸，就要说到清水丝绵的再加工。为了纺制细绵绸，人们用丝绵做原料，加工成绵线。这个用丝绵加工绵线的过程，在余杭蚕乡叫作“打绵线”。

旧时蚕乡妇女都会打绵线，其最佳时机是每年的夏秋季节，因为打绵线的手艺主要是靠手指捻动园子杆，春冬季节手指皮肤比较干燥，不易捻动园子杆，夏秋时手上有油汗，捻动园子杆相对比较容易。每逢夏秋，寻一个风凉点的地方，蚕妇们人手一根园子杆，或插在腰间的裤带上，或撬插在门框锁眼里、饭桌上的规挡里，三五结伴，一边家长里短，一边捻动园子杆，轻松地做着手里的活。

打绵线的器具有两件，一件是用筷子般粗细长短的竹杆制成

绵绸（谢伟洪 摄）

的园子杆，上串几只方眼铜钿增加重量，杆子上套有芦管，套管以上露出的部分杆子上，有螺纹线刻到杆顶，口眼正中有一空心圆眼，便于绵线垂直旋转。另一件是绵线杆，是用梅树细条削成的长约120厘米的木棒，光滑，上有红油漆，细头的一端装有一个铜制的丫杈，用来架绵絮。

打绵线时，手指一捻园子杆，然后放下，让它悬空挂在绵线杆上，再用双手慢慢牵引绵线，等园子杆将要碰地时，用右手把它拿起来，回一下线，把它捻成的绵线倒套在园子杆的芦管上。如此来回往复，把芦管打满，再换芦管，继续进行。

20世纪30年代，丰子恺先生曾在杭州做寓公，每次从家乡石门去杭州都喜欢坐船，走个三五天，欣赏运河沿线的风情。他曾画了一幅有名的漫画《三娘娘》，还写了一篇随笔《三娘娘》，对他所看到的塘栖一带打绵线的情景作了如下描述："这是一架人制的纺丝机器。在一根三四尺长的手指粗细的木棒上，装一个铜叉头，名曰'绵叉梗'，再用一根约一尺长的筷子粗细的竹棒，上端雕刻极疏的螺旋纹，下端装顺治铜钿（康熙、乾隆铜钿亦可）十余枚，中间套一芦管，名曰'锤子'。纺丝的工具，就是绵叉梗和锤子这两件。应用之法，取不能缫丝的坏茧子或茧子上剥下来的东西，并作绵絮似的一团，顶在绵叉梗上的铜叉头上。左手持绵叉梗，右手扭那绵絮，使成为线。将线头卷在锤子的芦管上，嵌在螺旋纹里。然后右手指用力

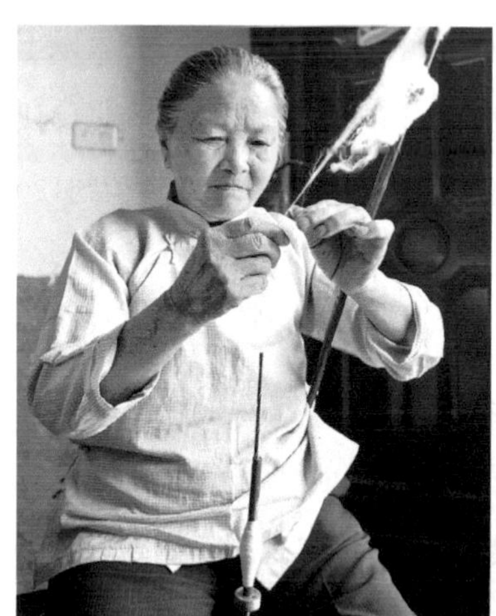

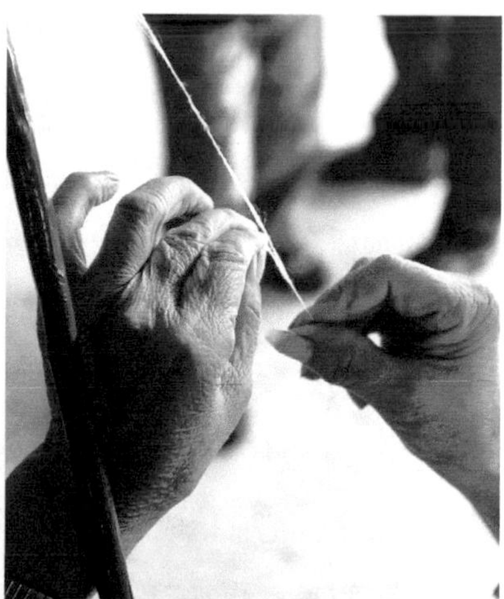

打绵线（谢伟洪 摄）

将竹棒一旋，使锤子一边旋转，一边靠了顺治铜钿的重力而挂下去。上面扭，下面挂，线便长起来。挂到将要碰着地了，右手停止扭线而提取锤子，将线卷在芦管上。卷了再挂，挂了再卷，锤子上的线球渐渐大起来。大到像上海水果店里的芒果一般了，便可连芦管拔脱，另将新芦管换上，如法再制。这种芒果般的线球，名曰绵线。用绵线织成的绸，名曰绵绸。像我现在身上所穿的衣服，正是三娘娘之类的人左手一寸一寸地扭出来而一寸一寸地卷上去的绵线所织成的。”

可能有人要说，丰子恺先生在整篇随笔中并没有提及塘栖，而且一直有人认为他描绘的是家乡石门的场景。其实，我们在这里说塘栖是有根据的。一是随笔中提到他的船在此停了三天，可想而知他在自己家乡石门是不会在船上过三天的。二是随笔中说在船上吃枇杷，枇杷是塘栖的名产，丰子恺在《塘栖》一文中也有关于在船上吃枇杷的描写。三则是丰子恺的老乡、研究丰子恺的专家钟桂松先生撰写的文章。钟桂松在《丰子恺的慢生活》（发表于《文汇报》2013年2月19日）中这样写道：“丰子恺有一幅有名的漫画，叫《三娘娘》。就是他坐船路过塘栖，船泊在小杂货店门口的运河里，每次从客船的小窗里看出去，总看到一个中年妇女孜孜不倦地在‘打绵线’而创作的。”钟先生是研究丰子恺的专家，他这么说一定有他的考证。

现在，绵绸已基本失去市场，故打绵线这一清水丝绵的再加工场景也几近绝迹。

余杭

与余杭清水丝绵相关的习俗和传说

清水丝绵是用蚕茧制成的，它与蚕桑生产有着密切的联系。在漫长的岁月中，余杭蚕乡产生了不少与蚕桑生产相关的民间习俗，也流传着不少与蚕桑生产相关的民间故事和传说。

与余杭清水丝绵相关的习俗和传说

清水丝绵是用蚕茧制成的，它与蚕桑生产有着密切的联系。旧时，村民栽桑养蚕，对蚕十分崇敬和呵护，这从他们把蚕称为“蚕宝宝”就可看出一二。在漫长的岁月中，余杭蚕乡产生了不少与蚕桑生产相关的民间习俗，也流传着不少与蚕桑生产相关的民间故事和传说。在这里，我们选取一些有地方特色的习俗与传说，作简单介绍。

[壹]民俗事象

丝绵系蚕茧制成，说到与清水丝绵相关的民俗事象，其实就是蚕桑生产中的民俗事象。

一、拜蚕神

旧时，乡民认为蚕的收成是由蚕神菩萨掌管的，因此他们敬奉蚕神，盼望蚕神能赐予好收成，从而产生了一系列“拜蚕神”的民俗事象。拜蚕神与拜菩萨差不多，从前的蚕乡，每个村都有小庙供奉蚕花娘娘，一到腊月香火更旺，蚕农纷纷叩拜，祈求来年“蚕花廿四分”。

腊月十二，俗称为蚕花娘娘的生日，在这一天，拜蚕神活动达到高潮。四邻八乡的蚕农纷纷在各自家中供奉起蚕花娘娘的塑像或“马张”（一种印有蚕神的木刻像），然后焚香点烛，供上大鱼大肉。由蚕妇先行祭祀，口中念念有词，祈求来年“蚕花廿四分”，然后一家老小轮流祭拜。塘栖北面邻近德清一带的蚕妇，拜蚕神时还要做些糕点上供，糕点品种繁多，有骑在马上的蚕花娘娘、爬在桑叶上的大龙蚕以及丝束、元宝等等。

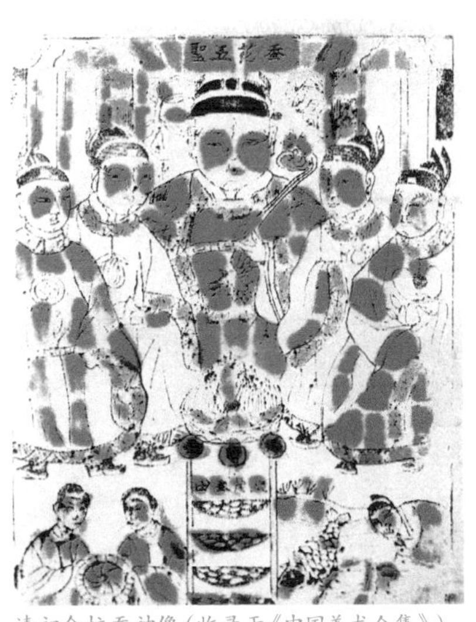

清初余杭蚕神像（收录于《中国美术全集》）

供蚕神（丰国需 摄）

农历三月初三，五常一带的蚕王庙中要举办庙会。白天，四邻八乡的蚕农全来拜蚕王菩萨，称“轧蚕花”，场面十分热闹；晚上，还有请蚕花娘子的仪式。据说，蚕花娘娘会在这天晚上向大家预示今年的蚕花收成，所以大家纷纷请蚕花娘娘

去自己家里。民间相传蚕花娘娘是站在屋边的茅坑旁等着的，故请蚕花娘娘要到茅坑旁去请。请蚕花娘娘必须有两人，一般是家中的男女主人，拿一只新畚箕，畚箕边上倒插一根女子梳妆挑头发用的角针，针尖露出一至两厘米。两人抬着畚箕到了外面，口中念念有词，诸如“请蚕花娘娘回家”之类，一人将事先准备好的一只尖头绣花鞋放入畚箕中，代表蚕花娘娘已请到，然后两人抬着畚箕进屋。此时屋内放好八仙桌一张，上面平铺一层白米，两人将畚箕翻转，各用一根手指抬住畚箕，让那插在畚箕上的针尖接触到桌上的白米。此时针尖会在白米上移动，划出种种花纹。结束后移开畚箕，白米上会有很多花纹呈现，据说这就是蚕花娘娘对收成的预言。一时间大家看着花纹，凭自己的感觉去猜测，当然都往好的方面猜测、联想。

马鸣王神像（资料图片）

在塘栖一带，蚕神被称作马鸣王菩萨，相传农历三月初五是马鸣王菩萨的生日，要举行盛大的马鸣王庙会。在20世纪上半叶，塘北村的马鸣王殿规模盛大，在四邻八乡名声很响，每逢三月初五，连嘉兴、湖州一带的蚕农都会来此进香，求取蚕花。那时，马鸣王殿外的运河里停满了大大小小的进香船只，热闹非凡。

马鸣王殿求蚕花的习俗直到现在还在塘栖的塘北村流传，现存的马鸣王殿是1994年在原殿遗址上重修的，殿内供奉着马鸣王菩

马鸣王庙会赞助登记（丰国需 摄）

供蚕神的米塑猪头三牲（丰国需 摄）

2008年马鸣王庙会（褚良明 摄）

2010年马鸣王庙会（褚良明 摄）

精美的茧圆(褚良明 摄)

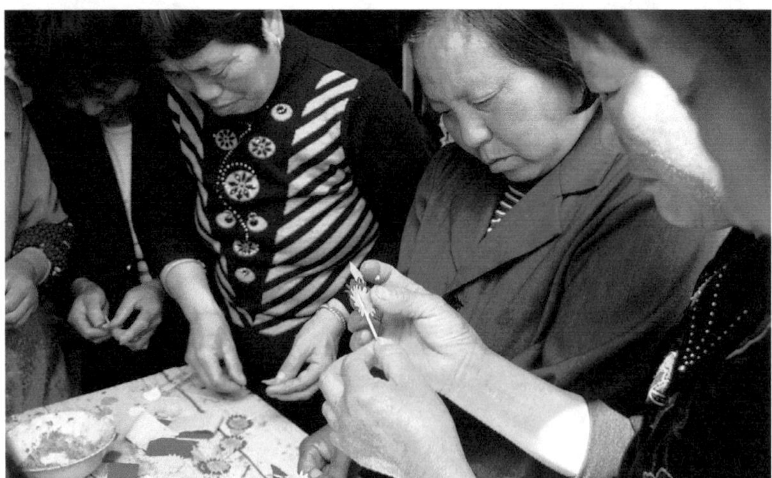

做蚕花(褚良明 摄)

萨，凤冠霞帔，牵着小白马。殿内还供奉观音人士、弥勒佛等，民间信仰的驳杂可见一斑。此殿虽名为马鸣王殿，但并不单为祭蚕神而设。佛像前是香烛台，庙会时各家自带香烛。近年来，每到农历三月初五，附近的蚕妇都要来马鸣王殿参拜，往往聚集有两百余人，散布在殿前空地及四周稻田中。参加庙会的大多是五六十岁的中老年妇女，来自塘北村，也包括邻近的德清等地区。因三月初五恰逢春蚕养殖之始，马鸣王庙会自然成为当地蚕农的一件大事。

庙会从早上七点左右开始，直至下午三点左右结束。开始时，先在马鸣王菩萨像前摆放祭品，主要是寿桃、元宝、茧子、蚕稻饭圆以及铲刀柄等，祈求蚕事顺利，获得丰收。在菩萨像前置一蚕匾，蚕匾正中是香樟叶，取意万年常青，周围摆放铜钟、红木鱼等。参加庙会的妇女围坐一圈，手中端持扎有神符的麦草束，口中唱念佛经“南无阿弥陀佛”，同时有专人负责敲击木鱼和铜钟。这样的唱经活动延续不断，中途不断有后到者加入或替换。

中午，庙会组织者专门雇人做饭，在殿前空地和四周稻田中摆开桌子，供应午饭。如此持续到下午一点左右，庙会进入到关键环节——抢蚕花。此时，在主持人黄彩宝的带领下，众人聚集到马鸣王菩萨像前，齐唱“马鸣经”。唱词大致如下：

阿弥陀佛要念马鸣经，

马鸣王菩萨马鞍山上坐龙庭。

一脚踏在蚕花墩，

养个龙蚕共百斤。

南无阿弥陀佛。

如此反复唱诵，大约五六分钟后，众人后退。主持人行叩拜礼，然后从神案上取出事先摆好的放蚕花的纸箱，一边走一边念念有词："马鸣王菩萨保佑大家养蚕好。"待到众人跟前，说一声"好抢了"，妇女们便一拥而上，争夺蚕花。抢到后插一朵在头上，其余的带回家，养蚕之前插在蚕匾上。至此，庙会的主要活动结束，多数蚕农求到蚕花后便离去，有些人则在庙中继续诵经，至三点左右结束。

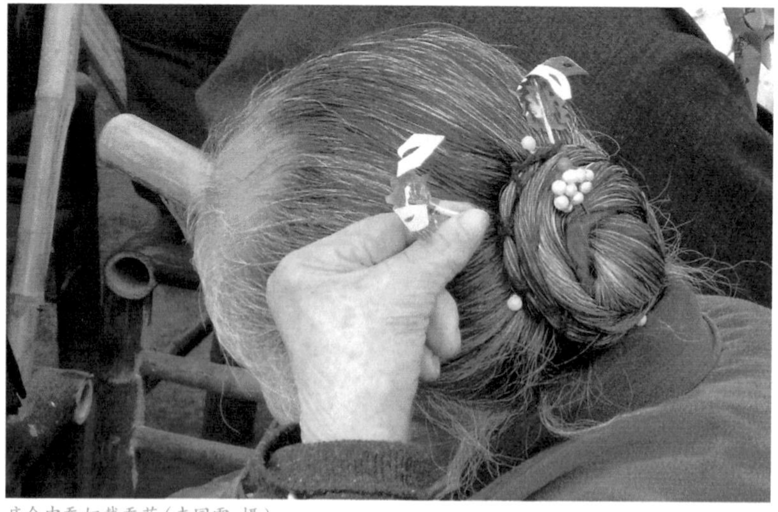

庙会中蚕妇戴蚕花（丰国需 摄）

塘北马鸣王殿抢蚕花（褚良明 摄）

塘北村的蚕神信仰有着深厚的历史渊源，延续至今。虽然经过了一段时间的断层，在生产技艺层面也有越来越多的科技因素渗入，但传统的影响力依旧存在，民间蚕神信仰活动仍然十分活跃。人们对蚕桑生产的重视以及期望丰收的愿望，使得在庙会上“求蚕花”的习俗一直得到沿袭。

蚕神祭拜活动不仅存在于村落公共空间，在不少蚕农家中，至今仍保留着蚕事开始前祭蚕神的习俗。这类小规模祭祀活动一般在带回蚕种的第二或第三天早上举行。七点左右，在蚕室内设一张桌子，摆上一对蜡烛，点三支香。掀去蚕种纸上覆盖的防干纸，将蚕种纸置于蚕匾上，放在桌子中间。进行一些叩拜仪式，祈求蚕事顺利。

随后，用鹅毛将蚁蚕扫入蚕匾。

据当地六十多岁的老农回忆，在他们小时候，清洁蚕室时还有“走蚕花”的习俗，即正走三圈、反走三圈，口中念道“出门碰上摇钱树，回来碰上聚宝盆”，祈求丰收。这一习俗现已消失。

蚕神信仰将传统与现代紧紧相连，成为维系群体情感的纽带之一。

二、蚕桑生产习俗

伴随着蚕桑生产的发展，蚕乡流传着丰富多彩的生产民俗，渗透到婚嫁习俗之中。在余杭的蚕桑主产区塘栖，至今保留着用两株桑树作为陪嫁的习俗。凡是女儿出嫁，必须准备两株桑树苗，其他陪嫁可有可无，这两株桑树苗却是必不可少的。由于旧时蚕桑生产对于家庭而言十分重要，而从事该项劳作的主要是妇女，因此陪嫁桑树就带有希望家事兴旺的用意。陪嫁的桑树必须连根，到了夫家就种下。过去这陪嫁的桑树苗必须用野桑，象征新媳妇到夫家安家落户，如今野桑寻觅不便，也有人用家桑代替。

旧时，从大年初一开始就有相关的蚕俗。正月初一早上，家中主妇扫地时必须从门口往里面扫，俗称“扫蚕花地”。因为年三十晚上点过了“蚕花火”、“蚕花灯”，家中沾上了蚕花宝气，故扫地必须从外往里扫，以确保蚕花宝气不出门。

大年三十或正月十五夜晚，村民用稻草、竹苇或其他柴禾扎成小束，点燃后高高举起，在田埂上到处奔跑，还不时地把手中的火把掼上掼下，在黑暗的夜空划出点点流星，煞是好看。此俗名为“烧田蚕”。据说烧田蚕时还要请歌手来唱一种叫作“烧田蚕”的歌谣，其唱词有：“火把掼得高，三石六斗稳牢牢；火把掼到东，家里堆个大米囤；火把掼到西，蚕花丰收笑嘻嘻……”民国时期，此俗日渐衰落，能唱几句“烧田蚕”歌谣的人已十分难觅了。

在众多的蚕俗中，最热闹也最奇特的要算“轧蚕花”了。旧时余杭各蚕乡都有轧蚕花习俗，但时间不太一样，五常一带是农历三月初三，而塘栖则是清明那一天。

余杭各地的轧蚕花要数塘栖超山最为热闹。清明那天，镇上和四邻八乡的蚕农纷纷赶往超山的大小庙宇敬拜蚕神，不论男女老幼，都在头上戴一朵纸质或绢质的小花，名为“蚕花”。女性将蚕花插在鬓边或头发上，男性则插在帽檐上，远远望去，成群结队的蚕农头上一片蚕花，故此俗以“轧蚕花”为名。超山的轧蚕花在杭嘉湖蚕乡颇为出名，有“脚踏超山地，蚕花宝气带回门”之说，连桐乡、德清一带的蚕农都赶来轧蚕花，使轧蚕花成为蚕农欢乐喜庆的节日。

旧时封建意识浓重，青年女子一年到头不太有机会抛头露面、尽情玩耍，与异性之间，更是因了“授受不亲”，连搭个腔都难。可这一天却全解放了，一般养蚕人家都允许女儿出门轧蚕花，因此成了年轻人的节日。在这一天，红男绿女嬉嬉闹闹，全无顾忌。最开心的便是那些青年男子了，他们可以在蚕妇蚕姑中挤来轧去，寻找自己中意的姑娘。这里还有个“摸蚕花奶奶”的说法。蚕种纸需要一定的温度才会出子，旧时育蚕没有什么保温设备，故蚕妇蚕姑都将蚕种纸捂在胸口，借体温来让蚕子早日出世。于是，在轧蚕花时，男人纷纷以摸蚕子之名去摸蚕妇蚕姑的乳房，乡风称之为“摸蚕花奶奶”，说是越摸越发。民间有说法，让男人摸过，蚕子就出得快，而且摸一下只有一分蚕，要想蚕花廿四分，那得摸多次，而没有人摸过的，则今年养蚕不会发。新中国成立后，轧蚕花风俗犹存，人们逛庙会、凑热闹，但“摸蚕花奶奶”的事就几乎听不到了。

到农历四月，养蚕正式开始，这时候的蚕俗就全都围绕着养蚕生产展开。

蚕是一种比较难养的小动物，怕寒、怕风、怕鼠……旧时科学不发达，蚕农只知蚕是娇贵的东西，称之为“蚕宝宝”，将蚕奉若神虫，往往不允许生人冲撞蚕室，以免蚕受惊害病。因此，家家户户采用了一个最为原始也最为简便的方法——关门，将自家大门关上，连亲邻之间都暂停走动。此俗称作“关蚕门”。过去将养蚕的季节称作“蚕月”，每逢蚕月，家家户户大门紧闭，日常生活起居均从边门进出，关着的大门上还贴有写着“蚕月”或“蚕月知礼”的红字条，并挂上一些桃枝和大蒜，用以避邪。有的人家还在大门旁边插上一些桃枝或打上梅花桩，用稻草结成网状，还有的干脆用草帘围住整个蚕房。这些做法的日的都一样，就是宣布此地是育蚕禁区。

"关蚕门"后，亲戚邻舍都不往来，若是偶尔向邻家借点什么，则必须十分知趣。借者踱到邻家边门口，自言自语地大声说道："哟，某某家呒没人嗒，我倒想问伊借点××嗒。"屋里的人听到后则会拿着他需要的东西出来，借者接过物品后递上一把早已准备好的桑叶，并口诵"蚕花廿四分"。

蚕熟茧成后蚕禁解除，蚕农重开大门，亲邻重新往来，相互慰问，互赠茶点，共祝丰收。此俗与"关蚕门"对应，谓之"开蚕门"。"开蚕门"后，忙了一个月的蚕妇有空互相串门，因此有吃烘豆茶、

关蚕门（丰国需 摄）

打茶会之俗。“开蚕门”往往临近端午，故又有“端午谢蚕花”之说。

旧时科学落后，民间认为，蚕是极有灵性且娇嫩神圣的动物，稍有不慎就会使其受到损伤，如果冒犯了它，更会使它神秘地离去或死亡。所以，蚕民们在历代养蚕的过程中积累了不少经验，也产生了不少禁忌。这些禁忌，给蚕乡带来了一些蚕禁方面的习俗。

切叶蒲墩（褚良明 摄）

切叶（丰国需 摄）

明人《蚕经》云：“蚕不可受油镬气、煤气，不可焚香，也不可佩香，否则焦黄而死；不可入生人，否则游走而不安箔；蚕室不可食姜暨蚕豆；上簇无火，缫必不争；蚕妇之手不可撷苦菜，否则令蚕青烂。”到了清代，育蚕禁忌更加细化，其中大都是蚕农历代积累下来的经验之谈，也有一部分带有迷信成分。为了养好蚕，蚕农们世代相传着这些禁忌。

旧时养蚕前，蚕农要在夜间将手在石灰水中浸湿，然后在蚕室的门窗上按上一个个白手印，以驱野鬼。据说，按白手印不能让别人看见，否则就会失灵。

采叶归来（丰国需 摄）

蚕宝宝有许多天敌，其中老鼠的危害最大，因此蚕农家家户户都有养猫的习惯。除了养猫，有的人家还买些泥猫或剪些猫形的图案，放在蚕室的角角落落，以达到威慑老鼠的目的。

蚕房（丰国需 摄）

养蚕期间，在语言上也有许多讲究，这语言禁忌与其他行业相比更为普及，并有些神秘色彩。比如平时说话忌讳“鼠”、“僵”、“亮”、“扒”、

“伸”、“冲”等等，将老鼠称作“夜佬儿”，将酱油叫作“颜色”，天亮则称“天开眼了”。平时“蚕”不叫“蚕”，而叫“宝宝”、“蚕宝宝”，蚕长了不叫“长”，而叫“高”，蚕不能用手指数，说是数了会减少。

搭山头（丰国需 摄）

蚕农忌破匾养蚕，认为破匾即塌匾，预兆“倒蚕”，故宁愿借债购新匾也不愿意用旧匾。蚕房中偶尔有蛇进入，忌惊呼和扑打，蚕农认为这是“青龙”巡游，会福佑自家蚕事，故要叩拜斋供，听其自去。蚕农还忌讳生人进入蚕房，忌讳带孝人进入蚕房，忌讳经期妇女和产妇进入蚕房，忌讳在蚕房中哭泣，忌讳在蚕房内晾挂妇女的内衣内裤，忌讳在蚕房内说脏话淫词，忌讳育蚕期间夫妻

蚕房一角（丰国需 摄）

同房。

这些禁忌，反映了旧时蚕农对蚕宝宝敬若神灵、小心谨慎的心态。如今，这种种禁忌已随着科学养蚕的推广而逐渐消失。

蚕农喜欢讨彩头，“蚕花廿四分”便是一句在整个杭嘉湖蚕乡通用的祝福语。乡间认为，农作物的收成总共为十二分，廿四分则为两倍，取双倍丰收之意。这句话在蚕乡人人会讲，从年头讲到岁尾，从长辈讲到小辈，世世代代往下传。直到现在，一些年长的蚕农在育蚕时还不时地念念有词，祈祷自己“蚕花廿四分”呢。

[贰]故事和传说

在余杭蚕乡，伴随着栽桑养蚕和缫丝制绵，产生了许多故事和传说，有些至今还在流传。

清水丝绵的来历

口述：莫英凤，武林头丝厂居民

记录：丰国霈

时间：1988年

伢塘栖是个出名的丝绸之府，伢这里出产的清水丝绵名气蛮大，还是皇帝钦定的贡品呢。

说起清水丝绵，这里还有个故事。

相传很久很久以前的一年冬天，伢这里农村里厢有份人家屋里实在太穷，没有过冬的棉衣。看着几个小人冷得发抖，那份人家的女主人心中很难过。这个女主人很聪明，伊突然想起自己家中春上头缫丝的辰光还留下了一大堆不能缫丝的双宫茧和次品茧，这些茧子至今还在墙角头堆着。伊心里想：这茧子缫成丝可以做衣裳，如今这些双宫茧、次品茧虽然因丝条太乱不能缫丝，但这些茧子的丝条仍在，说不定扯起来能保暖。

想到这里，伊当即就动起手来，把屋里厢放着不用的那些次品茧子全都放在烧饭的大锅子中去烧，烧熟后挖出蚕蛹，再把那些挖出蚕蛹的茧子一个个用手扯了开来。茧子的丝条很韧，越扯越长，越扯越软，越扯越像棉花了，那女主人高兴极了，把那些茧子全都扯成了一朵一朵，像那一朵朵的大棉花。接下去她便把这些用茧子扯成的大棉花全都翻进了衣服里，给孩子们当棉衣来穿。想不到这些茧子扯成的棉花，竟比真的棉花还来得保暖，穿在身上又薄又轻又暖和，伊真当开心煞了。

开心过后伊就把这桩事体告诉邻舍隔壁，就这样，这桩事情一下子四邻八乡都传开了，大家都过来向伊取经，回家后也照伊的样子去做——啥人家里没有次品茧呀。一时间，家家户户都用次品茧剥开后代替棉花。由于它像棉花一样，又是丝做的，于是大家便把它叫作“丝绵”。

就这样，伢余杭的清水丝绵很快就出了名，有些人家干脆做了丝绵拿到塘栖街上去卖。仁和县的县官晓得了，伊也叫人用丝绵去翻棉袄和棉被，用过后也觉得这丝绵真当好，便拿了去孝敬皇上。皇上用了大声喊好，于是，清水丝绵便成了贡品。

这个传说解释了丝绵的由来，但肯定不是历史事实，因为丝绵的产生时间要比棉花早得多，棉花是舶来品，它的原产地是印度和阿拉伯，棉花大量传入中国的时间据记载应在宋末元初。在宋以前，中国的文字中只有“丝”字旁的“绵”字，而没有“木”字旁的“棉”字，这个“棉”字是从《宋书》才开始出现的。但是，民间传说就是这样，我们的先辈往往采取东拉西扯、牵强附会的办法，来解释自己尚未认识的事物。

丝绵来源于蚕茧，有关蚕茧的故事传说则更多了。

五色茧

口述：莫英凤，武林头丝厂居民

记录：丰国需

时间：1988年

听老辈人讲，明朝末年，在塘栖镇南面一个蛮蛮小的村坊里，曾经出了一件蛮蛮稀奇的大事情。

这个村坊很小，小得连名字都没有，村里的老百姓全都是种桑养蚕的蚕农。这一年春天，不晓得是啥个缘故，全村几十家人家屋里养的蚕子统统都没有出蚕宝宝，只有村坊东横头的一家人家屋里出了五条蚕，你说稀奇不稀奇？嘿嘿，更稀奇的还在后面呢。这五条蚕宝宝和常时看见的蚕宝宝不一样，非常特别，身上分别为红、黄、蓝、白、黑五种颜色，看得整个村坊里的人全都吃惊得嘴巴张得老大。村里面一些白胡子老头子，也都说自从出了娘肚皮到现在，别说看见，就连听都没有听见过。这样一来，全村人都对那五条蚕肃然起敬，人人都去照顾那五条奇怪的蚕。

奇怪也确实奇怪，这五条蚕不但颜色奇怪，而且胃口也奇怪，特别会吃，满满的一筐桑叶，一歇歇功夫便吃得精光。好在整个村坊也只有这五条蚕了，所以大家都去将自家树上的桑叶摘来喂那五条蚕。整个村坊的所有桑叶给那五条蚕吃吃刚刚好。一段时间下来，那五条蚕宝宝长得像龙蚕一样肥壮，颜色也越来越好看了。

到了蚕宝宝要上山的时候，全村人都把它当成一件大事情，轮流赶到那家人家去守护，眼看这红、黄、蓝、白、黑五条蚕宝宝上了山。那五条蚕宝宝上山后，很快便吐丝结茧，结出了红、黄、蓝、白、黑五个茧子，这五个茧子一个个都有鸡蛋那么大。这下可把全村人都震住了，这个说："啊呀，这肯定是天菩萨赏给我们的宝贝呀！"那个说："大概是马鸣王菩萨显灵了。"还有的说："这可是难得的宝贝呀！"于是，全村老老小小全都汇集在一起，讨论如何处理这五个神奇的茧子。经过三天三夜的讨论，大家终于达成了一致的意见，决定这红、黄、蓝、白、黑五个茧子既不能拿出去卖，也不能拿出去缫丝，而是要将它们好好地收藏起来，等到明年茧子破了、出了蛾下了子，每家每户分一点子去养养。就这样，全村人自觉排班，轮流照看这五个神奇的茧子。

可是，稀奇的事情传得快呀。这件事情实在太稀奇了，很快便从这个村坊传到另一个村坊，又从乡村传到了塘栖街上，七传八传，传得连仁和县的县官老爷都晓得了。

那个县官老爷是个黑心老爷，专门喜欢搜集一些稀奇古怪的东西，当他一听说有这种从未听说过的五彩茧子，当场高兴得连眼睛都眯成一条缝了。于是，他立即动手，带领大队官兵乘着官船浩浩荡荡从杭州杀向塘栖，去那个小村庄抢那五色茧。村坊里老百姓虽然人也勿算少，但是手无寸铁的百姓哪敌得过全副武装的官兵呀，大伙眼睁睁地看着那些凶如虎狼的官兵将那五色茧抢走了。

那个仁和县的县官抢到了这五个宝贝茧子，真是开心极了，原来打算自己要的，后来听身边的绍兴师爷讲，当今的崇祯皇帝最喜欢搜集天下的奇珍异宝，若是将这五色茧进贡给皇帝，说不定还会封个大官做做呢。那县官想想很有道理，当即便请了工匠，做了红、黄、蓝、白、黑五只精巧的盒子，分别装入那五个不同颜色的茧子，然后连夜打点行装，直奔京城去献宝了。

再来说崇祯皇帝。崇祯皇帝是个昏君，当他得到那县官送上的他从来没见过的五色的茧子，高兴得眉开眼笑，于是随口封了那县官一个杭州府台做做。随后派人连夜赶到苏州，贴出皇榜，召集全苏州最有名的能工巧匠去京城，将那五个五种颜色的茧子分别缫成丝、织成绸。没过了多久，这五个茧子被缫成了五种颜色的丝，又过了几天，这五种颜色的蚕丝又被织成了一根五色的绸带。崇祯皇帝非常喜欢这根绸带，走到哪里带到哪里。有一天，他吃得没事做，就随手用它在腰里一围，说来也奇怪，这五彩腰带当即便自动地收紧，收得勿松勿紧正好，像根裤腰带一样。喜得崇祯皇帝连嘴巴都合不拢，于是，崇祯皇帝干脆拿它当裤腰带用，整天将那五彩丝带围在腰间。

有道是好景不长，这根五彩腰带大概只系了半个月光景，李闯王便造反造进了北京城。这一天，李闯王带兵攻打皇宫，崇祯皇帝心急慌忙地逃到煤山的一棵大树底下等救兵，有一个将军同他说好到这里来接他的。可是崇祯皇帝左等右等未见那个将军的身影，眼见李闯王的兵马越杀越近，崇祯皇帝心想今天死定了，被李闯王抓去杀掉还不如自寻死。于是，他心一横，解下腰上的五彩腰带，搁在那棵大树的树杈上想上吊。哪晓得等他刚刚将腰带套进头颈里，却看见那个将军率领兵马救他来了，心里十分高兴，连忙想把腰带脱出来，可哪里还来得及，那根神奇的五彩腰带突然间自动收紧，一下子就把崇祯皇帝吊得两脚悬空。等那将军赶到大树底下，崇祯皇帝早已舌头拖出，死了。

从那以后，塘栖一带再也没有出现过五色茧了。

这个故事颇有传奇色彩，称得上是个幻想故事。故事结构巧妙，联想丰富，曾收录于《中国民间故事集成（浙江省卷）》。

茧子是白色的，大约老百姓在育蚕过程中嫌茧子色彩太单调，故编出这个《五色茧》的故事，还在故事中解释了为何现在没有五色的茧，因为被官家抢去了，绝种了。

蚕王菩萨

口述：张金财，五常村村民

记录：丰国需

时间：2007年

相传很久以前，五常一带有一个小媳妇，刚刚嫁到夫家，夫家有三兄弟，公公婆婆都已故世，小媳妇一进门，三兄弟就在娘舅的主持下分了家。分家不久便到了看蚕时候，三叔伯母各自养蚕。偏偏这个小媳妇娘家是山里人，从来没有养过蚕，如何养蚕，她是一懂也勿懂。于是她跑过去问大嫂，要大嫂教她如何养蚕。

谁知道这个大嫂良心蛮坏的，她看不起这个弟媳妇，诚心想要看这个小媳妇出出洋相，特地骗她说：“妹妹呀，看蚕先要掸纸，把蚕种纸上的蚕蚁掸下来。掸纸时要到灶头上去掸，先将灶头里的火烧烧旺，越旺越好，然后把带有蚕种的纸儿放在锅子里拉燥，再用毛将蚕子掸出来。掸出蚕子接下去就可以开始养了。”小媳妇听后连连点头，把嫂嫂讲的话都牢牢地记住了。可她做梦也想不到，自家大嫂会来捉弄她。她听了大嫂的话，回家后就用大嫂教的方法去撣纸了。说来也真是运气，由于她从来没做过这种事情，撣的时候一不小心，有一颗子儿落在锅沿上了。由于灶头里火烧得很旺很旺，锅里的温度很高很高，那些落入锅子里的子儿一下子全部都烫煞了，拿出来只出了一条蚕，那一条蚕还是落在锅沿上的那颗子儿出的。

隔壁嫂嫂家里一下子出了许多许多的蚕，而自己家里只出了一条蚕，小媳妇再笨也晓得一定是嫂嫂在捉弄她了。但这小媳妇生性十分善良，也不去和嫂嫂理论什么，虽然只有一条蚕，她还是把它看作一个极其难得的学习养蚕的好机会，十分认真地养了起来。学着隔壁两个嫂嫂的样，人家切叶她也切叶，人家喂叶她也喂叶，一天从头忙到晚，全都为了对付那一条蚕。

说来也奇怪，虽然只养了一条蚕，可那小媳妇一点都没有轻松，那条蚕一天到晚像是吃不饱似的，把个小媳妇弄得忙煞。隔壁嫂嫂家许许多多的蚕一天只要吃一百斤叶，可小媳妇只有一条蚕，一天却也要吃一百斤叶。等到蚕慢慢大起来了，隔壁嫂嫂家的蚕要吃两百斤叶了，小媳妇的蚕也要吃两百斤。这样一来，小媳妇每天出门摘这么多叶，那个大阿嫂看不懂了，她要去看看这弟媳妇家里到底是怎么回事。

老底子蚕房里是陌生人不好进去的，哪怕是亲戚也不行。大嫂嫂为了去看小媳妇养的蚕，便时常观察小媳妇的去向。这一天，趁小媳妇出门到地上摘叶去了，她便悄悄地溜进了小媳妇的屋里。她一看，发现小媳妇养的那条蚕大得吓煞人，看上去浑身滚圆，像蛇那么粗。她不由发起呆来：天呀，这可是传说中的龙蚕呀，为什么却偏偏让这个不会养蚕的小媳妇养到了呢？

大嫂不由火了起来，为啥这小媳妇的福气有这么好？明明只剩下了一条蚕，却偏偏让她养到了龙蚕，让她一个人发财？不行！想到这里，大嫂“哼”一声，当即就找来一个纺纱用的锭儿，用锭儿狠狠地将那条龙蚕戳煞了。把龙蚕戳煞之后，大嫂便得意地走了，她要看看小媳妇这下还有什么办法。

等到小媳妇从地上摘叶回来，发现自家养的那条大蚕死了，她不由大吃一惊，当即上前仔细一看，天呀，这大蚕是被人用东西戳死的呀！这下她伤心极了。“我初来乍到，从没养过蚕，大嫂捉弄我，害我只出了一条蚕，如今我把蚕养得这么大了，可偏偏有人把我的大蚕戳死了，为啥你们要这样对待我呀……”小媳妇越想越伤心，终于忍不住了，“哇”的一声，坐在地上伤心地大哭了起来。

哪里晓得这一哭却哭出事情来了，只听得四面八方“唰唰唰”地响了起来，小媳妇一看，只见一条条蚕从四面八方爬过来了，围着那条死去的龙蚕做起了茧。天呀，这是怎么回事呀？小媳妇看得呆煞了，也顾不上哭了，仔细地看着那一条条从四面八方爬过来的蚕。

只见蚕越来越多，到处结起了茧子。小媳妇看得奇怪煞了，也顾不得蚕房里不能让别人进来的规矩，连忙跑到外面请来左邻右舍，让大家来看看，这到底是怎么回事。

邻居们跑进小媳妇的蚕房，看见眼前的景象，一个个都看得呆煞了。只见那一条条蚕还是不断地从四面八方爬来，匾上做满了茧爬不上去，那些蚕就在蚕房的角角落落里席地做茧，一时间整间房子里白花花的一片，茧子像小山头似的。大家看得眼都花了，一个个啧啧称奇，谁也说不上个原因。

这时，有个见多识广的白胡子老人走了进来，仔细看了一番，发现了死去的大龙蚕，这才撸撸胡须对大家说："这小媳妇良心好，她虽然只养了一条蚕，却得到了蚕神娘娘的照顾，养到的是一条龙蚕。龙蚕就是蚕王，如今蚕王被人害死了，所以其他的蚕知道后都统统赶过来吊孝了呀！"

哇，原来如此，大家一听，纷纷称奇。

那个大嫂当时也站在围观的人群里，听了那老人的话，她不由脸红耳赤，一句话也说不出来，恨不得找条地缝钻进去。

这一年，全村的蚕全都赶去小媳妇的屋里吊孝了，纷纷在小媳妇的蚕房里结了茧，蚕房里结满了，实在结不下了，那些来迟了的蚕就在蚕房门口结茧。一时间，全村的蚕房只有小媳妇一家结了一房子的茧，其他人家一颗茧子都没有。小媳妇良心很好，一定要把大家的茧子还给大家，可怎么分得清楚呢？最后还是在那位见多识广的白胡子老人的主持下，全村凡是养蚕的人平分这些茧，小媳妇也得到了自己的一份。

从此，大嫂再也不敢去捉弄这个小媳妇了，小媳妇养蚕越养越好，成了四邻八乡出了名的养蚕高手。

等到这个小媳妇过世后，村里的人都说这个小媳妇是蚕神菩萨转世来投胎的，于是大家便出资按她生前的模样塑了个像，修了座庙，封她为蚕王菩萨。每逢养蚕之际，大家必去蚕王菩萨面前祭祀，以保佑自家养蚕丰收。

这个故事的版本很多，大多是讲两妯娌养蚕，大媳妇欺侮小媳妇，结果恶有恶报，善良的小媳妇却得到了好结果。而这个版本的不同之处，是将小媳妇上升到了“蚕神”的高度。在民间，这种由人变神的传说很多，许多百姓敬奉的神灵都是由凡人演变的。

和蚕桑丝绵相关的传说还有很多，限于篇幅，这里仅介绍以上三则，可见其一斑。

余杭

余杭清水丝绵制作技艺的传承

近一二十年来，随着各类填充物的出现，清水丝绵一枝独秀的地位被动摇。随着机制丝绵的诞生，清水丝绵的手工制作也逐渐衰退，会用传统技艺做丝绵的人越来越少，传承状况不容乐观。

余杭清水丝绵制作技艺的传承

余杭清水丝绵历经千年传承至今，其制作技艺与宋应星《天工开物》中记述的古法大致相同，十分令人惊叹。

近一二十年来，随着各类填充物的出现，清水丝绵一枝独秀的地位被动摇。随着机制丝绵的诞生，清水丝绵的手工制作也逐渐衰退，会用传统技艺做丝绵的人越来越少，传承状况不容乐观。

[壹]传承方式

余杭清水丝绵的制作之所以传承至今，其一得益于余杭是蚕乡，旧时农家全都养蚕，每年都会有一些不能缫丝的次品茧；其二得益于市场对丝绵的需求，江南百姓一直对丝绵情有独钟，有了市场需求，人们制作丝绵就会得到收益，从而使制作丝绵成了养蚕人家的副业。正因为上述两个原因，清水丝绵的制作技艺才经由家庭传承和师徒传承这两种模式，一代一代地流传下来。

先来说说家庭传承。制作丝绵作为养蚕的副业，它的制作技艺过去一直是通过家庭传承这一方式流传下来的，一般都由母亲传授给女儿，或是婆婆传授给儿媳。除此之外还有其他亲人间的传授，如姨妈、姑母等女性长辈传授给下一辈女性。而丝绵制作过程中男人所做的辅助工作，如煮茧、冲洗，则由父亲指导儿子。这些辅助工作相对来说比较简单，稍微强调一下要点就可以了，还上升不到传承的高度。

我们曾对余杭区现有的会制作清水丝绵的妇女进行调查，绝大多数人的制作技艺是通过家庭传承这一途径掌握的，都是上一代女性长辈言传身教，下一代才学会了这门技艺。现有的几位清水丝绵制作技艺传承人，毫无例外都是由母亲和婆婆一手带出来的。从这些传承人的经历看，一般都是未嫁时在家跟着母亲学，此时可谓打基础阶段；出嫁后在夫家跟着婆婆学，此时可谓进修和提高阶段，使得技艺精益求精；到自己做母亲或婆婆后，又将这技艺传授给女儿或媳妇，使这项技艺继续传承下去。

再来说说师徒传承。清水丝绵自产生以来先是蚕农自用，后因深受喜爱，便逐步成为一种商品。商人们见有利可图，先是从农家手中收购丝绵来出售，后来逐步发展为自家设作坊，专门请人来加工清水丝绵。有了这样的丝绵作坊，也就产生了“师徒传承”这种传承方式。

据相关记载，清末时余杭就有专门的丝绵加工作坊。清光绪二十二年（1896），余杭叶涛、方锡炜合作，在余杭镇盘竹弄开设“经华丝厂”，主要生产土丝和加工丝绵。有人以为这是家机械丝厂，其实不然。《浙江丝绸史》曾提到经华丝厂，有茧灶40乘、丝车50部。从

师徒传承（褚良明 摄）

“茧灶”和“丝车”来分析，这家厂就不是机械缫丝厂，只是比一般的作坊大点而已。到了民国时期，丝绵作坊更为多见，余杭各个商贸大镇几乎都有商家开设丝绵作坊，其中“老恒昌”、“苏晋卿”等颇有名声。这些作坊除招收熟练女工外，也招收一些学徒，由那些熟练女工传帮带，从而产生了师徒传承。

[贰]传承现状

余杭清水丝绵制作技艺一直以来依靠“家庭传承”和“师徒传承”这两个模式流传至今。近二十年来，农村经济结构发生了翻天覆地的变化，原先作为家家户户主要收入来源的蚕桑生产收入开始变得无足轻重。塘北村是余杭目前的养蚕大村，还有百数以上的村民在养蚕。调查发现，在20世纪80年代，蚕桑生产的收入在绝大部分村民家庭收入中占据着50%以上的比重，收成最好的年份能达到80%，故家家户户十分重视养蚕。到了20世纪90年代，随着乡镇企业的遍地开花、个体经济的蓬勃发展，赚钱的门路变多了，蚕桑收入的比重开始下降，绝大部分村民家中的蚕桑收入跌到家庭总收入的30%以下。进入21世纪之后，蚕桑收入的比重跌得更厉害了。村民是很现实的，一旦养蚕的辛苦和收入不成正比，他们就不愿意养蚕了。近二十年来，余杭养蚕人家数量急剧下降，目前，大部分村落都不养蚕了，养蚕人也都是五十岁以上的老人。年轻人不但不愿养蚕，而且根本不会养蚕。

作坊式生产（褚良明 摄）

清水丝绵是伴随着蚕桑生产而产生的，是蚕桑生产的副产品。如今，蚕桑生产急剧减少，大家都不养蚕了，谁还来做清水丝绵呢，又用什么来做清水丝绵呢？正所谓“皮之不存，毛将焉附”。

旧时，余杭农村的姑娘到了十三四岁就会跟着母亲学习制作丝绵，出嫁之后又会在婆婆的传授下使自己的技艺精益求精，因为这是她必学的手艺，直接关系到全家的经济收入。可如今不一样了，十三四岁的姑娘，她们的母亲都不会做丝绵了，出嫁后她们的婆婆也不会做。做女儿的也好，做媳妇的也罢，不要说学，就是想看一看也很难得。

在余杭，现在还有一些人会做丝绵，也就是说还有着为数不少的清水丝绵制作技艺传承人。但这些几乎清一色都是六十岁以上的老人，虽然会做，但绝大部分人都不做了，不做的原因，主要是缺乏需求。会做的人不做，就失去了传承的空间。少数老年人还在制作丝绵，那是为了自己的家庭所需，同时也是一种怀旧的表现。她们的制作技艺，几乎没有年轻人来学习，就是她们想传授，也很难找到传授的对象。所以说，余杭清水丝绵制作技艺的传承现状是十分令人担忧的。

[叁]主要流传地域

旧时，余杭几乎所有蚕乡都有清水丝绵的制作；现在，随着蚕桑生产年复一年的下滑，制作清水丝绵也较为鲜见，其传承区域主要在塘栖、余杭、运河、仁和一带。

在余杭街道、运河街道和仁和街道的部分村落，有一些零星的清水丝绵制作，大多是老人因自己家中所需而制作。塘栖镇在历史上是个著名的蚕乡，闻名天下的“湖丝”一部分就产自塘栖。直到目前，塘栖还有村落在养蚕，其中以塘北村为代表。这些村落为清水丝绵制作技艺的传承奠定了基础。

塘北村是余杭塘栖镇的一个大村，坐落在塘栖镇的东北部。村北与湖州市德清县新安镇相邻，村东与余杭运河镇杭兴村交界，村西则是京杭大运河，大运河的东线绕整个塘北村而过。塘北村原系塘南乡的三个大队，即姚家坝大队、龙光桥大队和郑家埭大队。1992年，塘南乡并入塘栖镇，三个大队成为塘栖镇三个大村。2003年，三村合并而成一个村，由于在运河（塘河）的北面，故定名塘北村，成为塘栖镇最大的村。全村区域面积5.89平方千米，有42个村民小组、1355户农户，总人口5428人。

塘北村地理位置优越，处于杭嘉湖平原的中心，与湖州地区接壤，与嘉兴地区也相隔不远。全村区域沿大运河呈带状地形，地势平坦，池塘密布，是典型的水网地带，平均海拔3.2米。2010年，全村土地总面积7422亩，其中耕地5013亩，桑地1600亩，果地647亩，鱼塘162亩。塘北村主要经济构成有蚕桑、枇杷、果木、家禽、养鱼、水稻等，约有半数以上的农户从事蚕桑生产，是余杭的第一养蚕大村。

由于塘北村还在养蚕，故蚕农的次品茧还是拿来制丝绵。但和其他地方相仿，做丝绵的清一色都是六十岁以上的老人。近年来，随着对非物质文化遗产的重视，塘北村的蚕桑生产技艺引起了有关部门的重视，塘北村也成了浙江省蚕桑生产保护的实验区。为了保护蚕桑生产技艺，自2008年以来，塘北村每年举办为期近一月的“蚕桑文化体验游”活动。在活动期间，养蚕、缫土丝、剥丝绵、打绵线、翻丝绵，旧时的蚕桑生产场景一幕幕再现。为了更好地传承这些旧时的技艺，村委会选择了一些年轻人向老人们学习剥丝绵、缫土丝的技艺，从而使清水丝绵制作技艺的传承得到了很好的实施，并出现了新的传承方式，那就是“村落传承”。

除塘北村外，塘栖镇丁山河村也值得一提。该村拥有余杭唯一一家丝绵加工作坊，主人俞彩根，女，现年64岁，居住在丁山河村八组。俞彩根自幼随母亲学习丝绵制作技艺，20世纪90年代，她意识到当地民众对丝绵还有一定的需求，但蚕茧很难得到，于是，她便在自己家中开设丝绵作坊，从丝厂购入那些不能缫丝的次品茧，自行加工制作丝绵出售。随着需求量的增大，她的作坊越做越大，有工人七八人，采用“师徒传承”的方式传授技艺。

塘北村和丁山河村成为目前余杭清水丝绵制作技艺的主要传承区域。塘北村的传承，得益于一年一度的“蚕桑文化体验游”；而丁山河村的传承，则得益于一定的市场需求。

[肆]代表性传承人

余杭清水丝绵制作技艺的传承人，较有代表性的是俞彩根和胡农仙。

俞彩根（1949— ），余杭区塘栖镇丁山河村八组村民，现为浙江省第二批非物质文化遗产项目（余杭清水丝绵制作技艺）代表性传承人。

俞彩根的母亲俞阿南和姑妈俞琴玉都是村里远近闻名的制丝绵高手，在俞彩根小时候，母亲和姑妈经常在一起做丝绵，她就在一旁跟着看。俞彩根小学毕业就不再读书了，留在家里务农。每逢母亲和姑妈做丝绵，她就跟着学。17岁那年，她进了丁河前进综合厂做纺线工，空闲时会与母亲、姑妈一起做丝绵。出嫁后，俞彩根的婆婆王杏南也是做丝绵的好手。就这样，俞彩根在母亲、姑妈和婆婆的传授下，成了村里做丝绵的高手。

俞彩根（褚良明 摄）

1992年，俞彩根从企业回来，重新干起了农活。她发现当时农村已经很少有人自己做丝绵了，需要时就去市场购买，

俞彩根接受采访（褚良明 摄）

但市场上不一定有货，而且质量也不太好。此时她心动了：自己有一手做丝绵的本领，何不搞个加工场生产丝绵呢？一来可以解决生计问题，二来说不定还是条致富之路呢。就这样，俞彩根在自己家里办起了丝绵作坊，叫了三五个姐妹动手生产丝绵。一开始作坊规模很小，渐渐地她们生产的丝绵吸引了大批买主，作坊规模越来越大。二十多年办下来，现在已有十余个员工了。

俞彩根制作丝绵技艺出众，2009年2月，被认定为浙江省非物质文化遗产（余杭清水丝绵制作技艺）代表性传承人。2009年9月，参加首届中国（浙江）非物质文化遗产博览会，获展览奖。2010年1月，“中国蚕桑技艺遗珍展”在位于杭州的中国丝绸博物馆隆重开幕，余杭清水丝绵项目不仅参加了此次展览，俞彩根还作为传承人代表

扯绵兜(褚良明 摄)

出售丝绵(褚良明 摄)

为展览剪彩。2011年4月，她参加“2011中国(浙江)非物质文化遗产博览会”，获优秀展览奖。

俞彩根的传承谱系：

姓名	性别	出生年份	所在地域	职业	身份	传承关系
俞阿南	女	1924年	丁山河村	务农	母亲(已故)	上一代
俞琴玉	女	1926年	丁山河村	务农	姑妈(已故)	上一代
王杏南	女	1911年	丁山河村	务农	婆婆(已故)	上一代
俞彩根	女	1949年	丁山河村	务农	本人	
俞小平	女	1970年	丁山河村	务农	大女儿	下一代
俞利平	女	1971年	丁山河村	务农	小女儿	下一代
陈群英	女	1982年	丁山河村	务农	媳妇	下一代

胡农仙(1949—　)，余杭区塘栖镇塘北村十一组村民，现为浙江省第三批非物质文化遗产项目(余杭清水丝绵制作技艺)代表性传承人。

胡农仙(褚良明 摄)

胡农仙8岁进村小读书，毕业后回家务农。胡农仙娘家和夫家都是养蚕大户，直到现在还年年养蚕，每年要养好几季。每次卖茧时，总有一些次品茧茧行不收，就拿来制作丝绵，以满足家庭所需。

胡农仙还是姑娘时就向母亲学习做丝绵，出嫁后又向婆婆学习，学得一手做丝绵的技艺。几十年下来，制作丝绵成了她的一项副业，年年都要做。不过，胡农仙制作丝绵纯粹是为了自己家庭所需，并不向市场出售。

2008年，塘北村作为杭州市的蚕桑文化实验区，开展了“蚕桑文化体验游”，胡农仙作为制作丝绵的高手，被村委会请来表演丝绵制作技艺。从此，胡农仙便带着一些老姐妹从事丝绵制作，近年还带起了徒弟，教会了自己的女儿和媳妇。

胡农仙的传承谱系：

姓名	性别	出生年份	所在地域	职业	身份	传承关系
袁子凤	女	1914年	塘北村	务农	母亲（已故）	上一代
沈阿珍	女	1923年	塘北村	务农	舅妈（已故）	上一代
史菊南	女	1922年	塘北村	务农	婆婆（已故）	上一代
胡农仙	女	1949年	塘北村	务农	本人	
罗琴花	女	1973年	塘北村	务农	女儿	下一代
朱月英	女	1973年	塘北村	务农	媳妇	下一代

除俞彩根和胡农仙外，余杭还有不少清水丝绵制作技艺的传人，列表如下：

姓名	性别	出生年份	所在地域	职业	传承方式
黄顺娥	女	1924年	余杭镇	农民	母女传承
黄阿丽	女	1957年	余杭镇	农民	母女传承
陆年珍	女	1928年	运河镇博陆村	农民	母女传承
金杏仙	女	1930年	运河镇博陆村	农民	母女传承
陆金仙	女	1934年	运河镇博陆村	农民	母女传承
王宝香	女	1949年	运河镇博陆村	农民	
姚汉妹	女	1951年	运河镇博陆村	农民	母女传承
陆银素	女	1957年	运河镇博陆村	农民	母女传承
姚文娥	女	1958年	运河镇博陆村	农民	母女传承
戴娟英	女	1978年	运河镇博陆村	工人	母女传承
姚 英	女	1972年	运河镇七家桥	工人	母女传承
辛阿秀	女	1929年	塘栖镇塘北村	蚕户	母女传承
朱子材	男	1937年	塘栖镇塘北村	蚕户	家族传承
姚彩琴	女	1944年	塘栖镇塘北村	蚕户	家族传承
史杏根	男	1953年	塘栖镇塘北村	蚕户	家族传承
徐发娥	女	1955年	塘栖镇塘北村	蚕户	家族传承

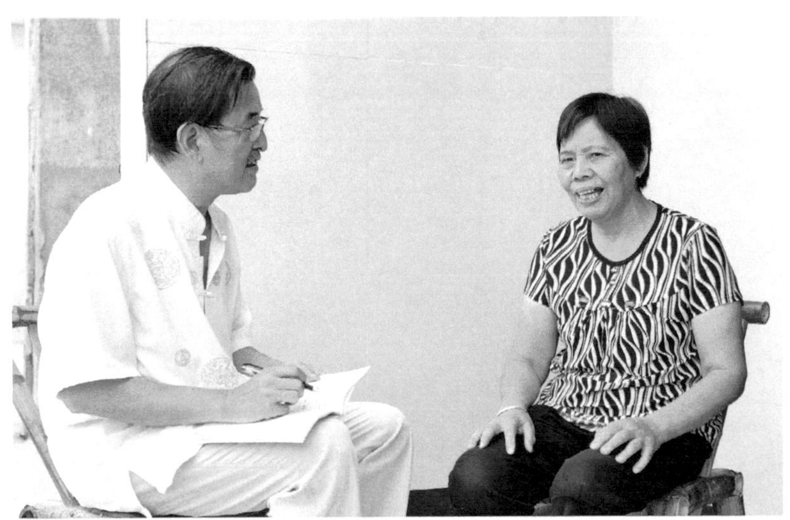

胡农仙接受采访（褚良明 摄）

扯绵兜（褚良明 摄）

余杭

余杭清水丝绵制作技艺的保护

余杭区以及塘栖镇人民政府十分重视对清水丝绵制作技艺的传承和保护，制订了有关清水丝绵制作技艺的『八个一』保护方案，明确了五年实施计划，加大了财政扶持力度，落实了项目保护经费，设立了清水丝绵制作技艺专项保护资金，列入年度财政预算，同时积极鼓励社会赞助，吸纳民间投资，多渠道筹措保护资金。

余杭清水丝绵制作技艺的保护

余杭清水丝绵制作技艺的保护，是蚕桑生产技艺保护的一个组成部分。近年来，余杭区人民政府对蚕桑丝织文化的保护与传承十分重视，全力打造塘栖镇塘北村为蚕桑生产保护实验区，并将此写进了政府工作报告，作为政府加强文化建设的重要内容。

塘栖镇人民政府十分重视“塘北蚕桑生产保护实验区”的建设，把该项目列为重点调研课题，多次召开研讨会、协调会，共商蚕桑文化保护问题。镇政府制订了有关清水丝绵制作技艺的“八个一”保护方案，明确了五年实施计划，加大了财政扶持力度，落实了项目保护经费，设立了清水丝绵制作技艺专项保护资金，列入年度财政预算，同时积极鼓励社会赞助，吸纳民间投资，多渠道筹措保护资金。

[壹]濒危状况

近几十年来，御寒衣物的填充物名目繁多且不断增加。由于人们对传统的绵绸已逐步失去需求，更由于当地蚕桑生产的大面积萎缩，余杭的绝大部分村落已不再养蚕，昔日“家家养蚕忙”的场景已很难再现，这使得清水丝绵的制作也进入了濒危状态。

塘北村村委（褚良明 摄）

余杭旧时是蚕乡，运河流域几乎村村养蚕，如今这一现象已不复存在。让我们从养蚕大村塘栖镇塘北村的一组数字来看一看蚕桑生产的萎缩情况吧。

塘北村于2003年由三村合并而成，我们对2004年以来全村的蚕种养殖数量、产量及平均售价作了一个统计，从统计数字中，可以了解塘北村近十年来的蚕桑生产情况。

2004年

春蚕种1658.5张，平均每张产量92斤，平均每百斤售价920元。

夏蚕种85.5张，平均每张产量75斤，平均每百斤售价650元。

中秋蚕218张，平均每张产量55斤，平均每百斤售价610元。

晚秋蚕476.75张，平均每张产量66斤，平均每百斤售价880元。

全年总养殖数2438.75张，总产量2024.50担。

2005年

春蚕种1346张，平均每张产量90斤，平均每百斤售价980元。

夏蚕种65.75张，平均每张产量72斤，平均每百斤售价680元。

中秋蚕166张，平均每张产量53斤，平均每百斤售价630元。

晚秋蚕289.5张，平均每张产量75.5斤，平均每百斤售价850元。

全年总养殖数1867.25张，总产量1565.2925担。

2006年

春蚕种1255张，平均每张产量98斤，平均每百斤售价1030元。

夏蚕种55张，平均每张产量75斤，平均每百斤售价650元。

中秋蚕125张，平均每张产量56斤，平均每百斤售价680元。

晚秋蚕218张，平均每张产量72斤，平均每百斤售价850元。

全年总养殖数1653张，总产量1341.15担。

2007年

春蚕种958张，平均每张产量102斤，平均每百斤售价1050元。

夏蚕种48张，平均每张产量68斤，平均每百斤售价650元。

中秋蚕87.5张，平均每张产量52斤，平均每百斤售价680元。

晚秋蚕206张，平均每张产量68斤，平均每百斤售价850元。

全年总养殖数1299.5张，总产量1195.38担。

2008年

春蚕种810.5张，平均每张产量98斤，平均每百斤售价1300元。

夏蚕种36.5张，平均每张产量70斤，平均每百斤售价800元。

中秋蚕110.5张，平均每张产量55.5斤，平均每百斤售价700元。

晚秋蚕208张，平均每张产量65斤，平均每百斤售价1050元。

全年总养殖数1165.5张，总产量1016.3675担。

2009年

春蚕种715张，平均每张产量97.5斤，平均每百斤售价1300元。

夏蚕种28.5张，平均每张产量68斤，平均每百斤售价800元。

中秋蚕88张，平均每张产量56斤，平均每百斤售价720元。

晚秋蚕195张，平均每张产量63斤，平均每百斤售价1200元。

全年总养殖数1026.5张，总产量888.935担。

2010年

春蚕种688张，平均每张产量98.5斤，平均每百斤售价1600元。

夏蚕种26张，平均每张产量63斤，平均每百斤售价800元。

中秋蚕79张，平均每张产量58斤，平均每百斤售价850元。

晚秋蚕183.5张，平均每张产量65.5斤，平均每百斤售价1400元。

全年总养殖数976.5张，总产量860.07担。

2011年

春蚕种755张，平均每张产量96.5斤，平均每百斤售价2300元。

夏蚕种37.5张，平均每张产量71斤，平均每百斤售价1200元。

中秋蚕110.5张，平均每张产量65斤，平均每百斤售价1600元。

晚秋蚕235张，平均每张产量68斤，平均每百斤售价2100元。

全年总养殖数1138张，总产量986.83担。

2012年

春蚕种855张，平均每张产量102斤，平均每百斤售价1600元。

夏蚕种38.5张，平均每张产量66斤，平均每百斤售价1100元。

中秋蚕360张，平均每张产量62斤，平均每百斤售价1200元。

晚秋蚕480张，平均每张产量88斤，平均每百斤售价1600元。

全年总养殖数1733.5张，总产量1532.11担。

从以上数字可以看出，自2003年建村以来，塘北村的养蚕总量逐渐下降，2010年达到最低点，全年养蚕总量跌破1000张，总产量只有860余担。但是由于当年茧子的售价比往年有大幅度提升，蚕农的收益相对较高。于是2011年，蚕茧的养殖数量又有了一定提升，全年养殖总数重新超越1000张大关，达到了1138张。这一年四季蚕茧的售价都大大高于往年，破了历史纪录。这对于养蚕人家来说，无疑是一针强心剂。2012年，受上年价格的刺激，塘北村的春蚕养殖数比2011年增加了整整100张，但这一年的春蚕价格却比上一年跌了整整700元，这一来，夏蚕的养殖数立即下降，只有38.5张，仅比上一年多了1张。

蚕桑生产走下坡路已是不争的现实，作为全区的第一养蚕大村尚且缩减得如此厉害，更不用说别的村落了。所以，随着蚕桑生产的萎缩，余杭清水丝绵的生存空间越来越小，已进入濒危状态。

[贰]保护现状

余杭清水丝绵制作技艺的保护自2008年启动，一直得到各级政府的大力支持。经过有关部门和专家的商讨，拟定保护区域以塘栖镇为中心，并将塘北村这个全区的养蚕大村建设成“塘北蚕桑生产保护实验区”。目前，在区、镇各级领导的重视下，在有关部门的

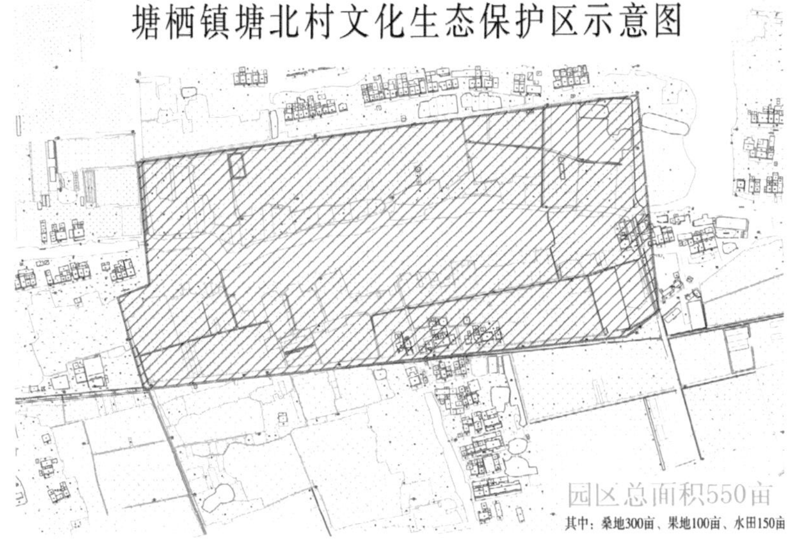

塘北村中心区块图（塘栖镇文体中心提供）

塘北村中心区域（褚良明 摄）

配合下，保护工作已经展开，“塘北蚕桑生产保护区”也被评为省级示范区。

塘栖镇历来是杭嘉湖平原上的蚕丝重镇，在明清时盛极一时。新中国成立以后，塘栖的蚕桑生产得到进一步发展。塘北村是蚕桑重要产区，蚕桑生产从一家一户中走出，进入集体养蚕的阶段。在农业局的指导下，开展了“集体共育、严格消毒、专门技术指导”等一系列工作，蚕桑生产效益逐步提高，蚕茧的丰产带动了周边缫丝工业的发展。改革开放以来，实行承包责任制，蚕桑生产重新返回一家一户的形式。随着现代化进程，这一带的农村经济格局发生重大变

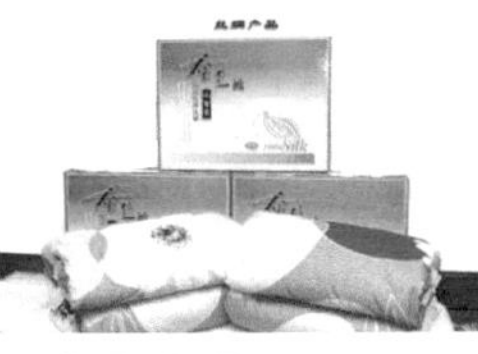

杭州 蚕桑民俗文化生态保护区——塘北村

塘北村位于余杭区塘栖镇北部，是杭嘉湖平原上一个重要的蚕桑生产较为密集的村落，这里的蚕桑生产历史悠远，迄今仍有着较好的传承，是余杭区第一养蚕大村。

在塘北，每逢养蚕时节，还有极大多数的农户还在养蚕，各种与养蚕相关的民俗事项还在传承，古老的蚕桑丝绸文化融洽在蚕农的日常生活之中；在塘北，我们可以看到许许多多与蚕桑生产相关的民俗，诸如拜蚕神、拿蚕花、扎蒲墩、做蚕圆、烧土丝、剥丝绵等等。由于蚕桑文化的传承，塘北村被命名为杭州市首批文化生态保护区；在塘北，除了蚕桑之外还拥有大量的枇杷果园，各种品种的枇杷应有尽有，是塘栖枇杷的主产区之一。

塘北是杭州市首批文化生态保护区，这里无论蚕桑也好枇杷也罢，相关的民俗全都原汁原味，保留着原生态的环境……

让我们一起走进塘北村，去体验那迷人的蚕桑文化，去感受蚕熟枇杷黄的丰收场景……

项目设置：

- 春蚕养殖
- 清水丝绵
- 打绵线
- 切叶薄墩
- 蚕毛稻草
- 茧圆制作
- 缫土丝
- 桑叶观赏
- 桑果采摘
- 枇杷采摘
- 农家乐
- 丝绸产品展示

塘北村蚕桑文化宣传折页（塘栖镇文体中心提供）

革，传统的蚕桑生产在经济收入上不再占主要地位，生产规模逐年缩小。

目前，塘栖镇的蚕桑生产主要集中在塘北村、邵家坝村一带。据2006年统计，塘北村一年四期（春、夏、中秋、晚秋）蚕共养殖2209张蚕种，占全镇的35%，全年蚕茧总产量高达2057.8担，占全镇产量的36.02%。按全年平均茧价1318.7元/担计算，全村一年蚕茧收入可达271.4万余元。其中春期蚕共发放蚕种1417张，总产量达到1445.3担，占全年产量的70%以上。蚕桑仍然是塘北村的农业支柱产业之一，作为一种传统技艺，与当地的生活息息相关。该村村民大致上继承了祖辈蚕桑生产的技艺传统，尤其在长期的蚕桑生产过程中形成了一系列传统民俗，涵盖口头文学、民间信仰、人际礼仪、节日庆典、民间工艺等各个方面。

为此，当地政府选择了塘北村这个极有代表性的村落作为蚕桑生态保护的试点，从2008年起启动了保护工作。任何一种生产技艺的保护，都得从源头上抓起，否则“皮之不存，毛将焉附”。要保护清水丝绵的制作技艺，也得从源头抓起，从蚕桑生产抓起。

为使塘北村蚕桑丝织文化生态保护区域更加集中，更有利于形成保护规模和效益，拟定以塘北村龙光桥廿四度自然村为蚕桑丝织文化保护中心区块。该区域内有农户144户，人口约600人，土地总面积550亩。近年来，塘北村每年投入30万元，以发放补贴等多种形式

塘北村桑园(褚良明 摄)

调动蚕农发展传统蚕桑丝织生产的积极性。同时，积极建立塘北村廿四度自然村蚕农生产合作社，切实发挥村级集体经济组织的引导作用，使得中心区内保护桑地种植面积始终保持在300亩以上，从源头上为清水丝绵制作技艺的传承发展提供了基础。

浙江省“非遗”生产性保护基地考察验收汇报会在塘栖举行（褚良明 摄）

第五届浙江省非物质文化遗产保护论坛在余杭举办（褚良明 摄）

“非遗”专家在塘北村桑园视察（褚良明 摄）

塘北村实验点授牌（褚良明 摄）

为了更好地保护清水丝绵制作技艺，主要做了以下几项工作。一是开展活态展示，推出“蚕桑文化生态游”活动，将清水丝绵制作技艺等蚕桑生产项目展示给大家看，引导更多群众对蚕桑文化的关注和保护。2008年5月28日，随着塘栖枇杷节的开幕，塘北村的蚕桑文化生态游也正式开始了，推出的展示项目有清水丝绵制作、手工缫丝以及与丝绵制作相关的打绵线、翻丝绵被等等。这一活动，吸引了上万名游客从四面八方赶往塘北村。从此，这一活动一年一度，至今没有间断。2009年6月23日，第五届浙江省非物质文化遗产保护论坛在余杭召开，与会专家参观了塘北村的蚕桑文化展示，对这一保护模式给予高度肯定。在这次会议上，塘北村还被省文化厅确定为全省非物质文化遗产生产性保护的实验点。二是积极组织清水丝绵项目参加各类相关展览活动。余杭区内的各类“非遗”展示活动，清水丝绵制作肯定到场，2009年还参加了首届中国（浙江）非物质文化遗产博览会以及“中国蚕桑技艺”遗珍展，2011年又参加了2011中国（浙江）非物质文化遗产博览会，为余杭清水丝绵扩大了知名度。三是开设展

向游客展示清水丝绵制作技艺(谢伟洪 摄)

示场馆。利用非物质文化遗产普查时征集到的蚕桑生产实物，在塘栖古镇水南街选址建设丝绸文化博物馆，在塘北村设立蚕桑生产民俗专题展示馆，展示清水丝绵制作技艺及独特的蚕桑生产民俗。四是组织中小学生参观展馆，了解历史悠久的蚕桑丝织文化，体验农家养蚕、剥丝绵、缫土丝等劳动场景，参与采摘桑叶、喂养蚕宝宝等社会实践活动，将园区建设成为青少年社会实践基地。

为了切实做好清水丝绵制作技艺的保护工作，塘栖镇还采取了"三管齐下促传承"的做法，让清水丝绵制作核心技艺在生产实践中得到传承。一是充分发挥老传承人的作用。2009年，塘栖镇的俞彩

清水丝绵在“非遗”展览上（陈清 摄）

根、胡农仙被认定为浙江省清水丝绵制作技艺代表性传承人；2010年，塘栖镇的仲锡娥被认定为杭州市蚕丝生产技艺代表性传承人。积极发挥代表性传承人在传承中的核心作用，在塘北村农户中开设缫土丝、做丝绵生产基地，进行传承。二是依托金利丝织厂，全部收购塘北村生产的蚕茧，在该企业保留清水丝绵手工制作车间，开展技艺传承活动。三是扶持代表性传承人俞彩根开设清水丝绵作坊，积极培育新的传承人。该作坊拥有10余名丝绵制作人员，年产值200余万元，既解决了部分妇女的就业问题，也使清水丝绵制作技艺得到有效传承和发展。凭借“传承人+农户+企业”的模式，拓宽了传承渠道，使清水丝绵制作技艺有了可持续传承的动力。

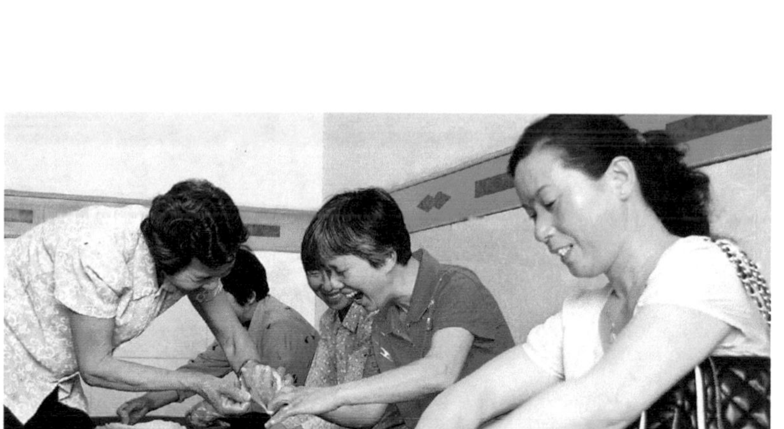
游客参与做小兜(褚良明 摄)

[叁]保护规划

清水丝绵制作技艺项目是蚕桑丝织文化中的一个环节,针对这一特性,当地政府从一开始就确立了立足于蚕桑文化生态整体的保护理念,使这一项目能原生态地活在蚕桑生产中,在蚕桑文化的整体保护中得以存续和发展。

2009年2月11日,在余杭区第十三届人民代表大会第三次会议上,余杭区人民政府姜军区长在《政府工作报告》中,明确谈到“启动塘栖蚕桑文化生产性保护基地建设”。保护塘北村的蚕桑文化生态提上了议事日程,编制相应规划也就成了首要问题。

2009年,余杭区初步编制了《余杭塘北村文化生态保护区规划

余杭市民参观塘北村蚕桑文化展示（褚良明 摄）

塘栖水北街缫土丝（褚良明 摄）

纲要》，这是一个概念性的方案，详述了为什么要保护、保护什么、如何保护，并提出了保护区的中心带和延伸带，划分了保护区的范围，就保护区的建设提出了一些措施，为塘北村具体实施文化生态保护作出了纲领性的指导。2010年，为了实施具体的保护工作，又着手编制了《余杭塘北村蚕桑丝织文化保护项目可行性报告》。2011年，结合塘栖镇小城市培育试点规划，编制完善了《塘栖镇塘北村蚕桑丝织文化实验区保护规划》，规划期限是从2012年到2020年，共8年，总体思路是“保生态、促传承、建机制、出效益”，总体目标是“争取将塘北村建成生态环境优良、文化保护完整、基础设施配套的国家级文化生态保护实验区”。2012年7月5日，余杭区人民政府办公室发文“关于同意《余杭塘北村蚕桑丝织文化生态保护实验区规划》的批复”，正式同意了这个规划。批复明确了塘栖镇作为实施主体抓紧组织实施，余杭区文广新闻出版局要协助塘栖镇做好业务指导工作，区发改局、财政局、住建局、国土余杭分局、农业局、风景旅游局要积极配合，共同做好塘北村蚕桑丝织文化生态保护实验区的建设工作。至此，塘北村的蚕桑文化生态保护规划正式确定。

除了蚕桑文化生态区保护的大方案外，自2010年以来，余杭区每年针对“余杭清水丝绵制作技艺”制订专门的保护工作计划，现将2010年以来的保护工作计划附后。

2010年余杭清水丝绵制作技艺保护工作计划

一、建设蚕桑生产基地，确保丝绵生产制作原料的供给。积极采取有效措施，鼓励保护蚕农种桑养蚕的积极性。明确在塘栖镇、余杭镇建设两个蚕桑生产基地。在相关的社区，协助村委组建蚕农专业合作社，出台相关激励政策，切实保护蚕农的实际利益。

二、积极开展“余杭塘北村蚕桑丝织文化生态保护区”的省级试点工作。将已编制的保护规划呈交区委、区政府。成立相应的领导小组，进一步加强协调、明确分工、落实责任，完善相关保障机制。

三、筹建蚕桑丝织生产民俗专题展示馆。全面收集丝绵制作等相关的实物资料，挖掘整理蚕桑丝织、蚕桑生产习俗，对清水丝绵制作工艺流程进行文字、视频记录，建立数据库，多功能、全方位展示丝绵制作技艺。

四、加强对清水丝绵制作艺人的保护力度。命名清水丝绵制作技艺的重点传承人，并发放一定的津贴；举办丝绵制作技艺培训，请优秀艺人传授经验，培养中青年传人；重点扶持若干个私人家庭作坊为传习所，使清水丝绵制作技艺后继有人，活态传承。

五、积极开展项目保护工作的学术研究。加强与兄弟县区、其他省市、高校科研机构的交流合作，适时召开专题研讨会，探索保护工作的路子，促进本项目的科学有效、可持续发展。积极完成《余杭清水丝绵制作技艺》专著的编撰出版任务。

塘北村蚕桑丝织文化生态保护实验区规划专家评审会（褚良明 摄）

顾希佳先生（中）等在塘北村村委探讨蚕桑生产保护（褚良明 摄）

六、加大财政扶持力度，落实项目保护经费。设立清水丝绵制作技艺专项保护资金，列入年度财政预算。争取省市项目补助经费，鼓励社会赞助，吸纳民间投资，多渠道筹措保护资金。

七、利用好宣传媒介和对外交流展示平台，广泛向社会宣传推介丝绵制作工艺及产品，提高保护意识，提升产品价值。

2011年余杭清水丝绵制作技艺保护工作计划

一、完善《塘北村蚕桑丝织文化生态保护区规划》。会同规划部门，结合塘栖镇小城市培育试点规划，进一步完善保护区建设规划，尽早公布实施。

二、建设蚕桑生产基地，确保丝绵生产制作原料的供给。积极采取有效措施，做好土地流转，鼓励保护蚕农种桑养蚕的积极性。协助塘北村村委组建蚕农专业合作社，出台相关激励政策，切实保护蚕农的实际利益。

三、成立塘北村蚕桑丝织文化生态保护区建设领导小组，进一步加强协调、明确分工、落实责任，完善相关保障机制。

四、鼓励企业参与保护，政府给予必要的扶持，给予资金和政策的支持，相关业务部门加强业务指导。

五、全面收集丝绵制作等相关的实物资料，挖掘整理蚕桑丝织、蚕桑生产习俗，对清水丝绵制作工艺流程进行文字、视频记录，建立数据库，多功能、全方位展示丝绵制作技艺。

余杭民间妇女制作丝绵技术娴熟(沈月萍 摄)

六、加强清水丝绵制作艺人的保护力度。代表性传承人继续发给津贴,鼓励带徒授艺;举办丝绵制作技艺培训,鼓励年轻人学艺,培养中青年传人;重点扶持若干个私人家庭作坊为传习所,使清水丝绵制作技艺后继有人,活态传承。

七、积极开展项目保护工作的学术研究。加强与兄弟县区、其他省市、高校科研机构的交流合作,适时召开专题研讨会,探索保护工作的路子,促进本项目的科学有效、可持续发展。继续完成《余杭清水丝绵制作技艺》专著的编撰出版任务。

八、加大财政扶持力度,落实项目保护经费。设立清水丝绵制作技艺专项保护资金,列入年度财政预算。争取省市项目补助经费,鼓励社会赞助，吸纳民间投资，多渠道筹措保护资金。

九、利用好宣传媒介和对外交流展示平台，广泛向社会宣传推介丝绵制作工艺及产品，提高保护意识，提升产品价值。

带徒（文闻 摄）

附录

[壹]清水丝绵千年品牌安在

（原载“余杭新闻网”）

日前，余杭清水丝绵制作技艺被列为浙江省非物质文化遗产名录项目，并积极申报国家级非物质文化遗产名录项目。这是一项延续两千多年历史的传统手工生产技艺，是余杭劳动人民长期积累的智慧结晶，是极其珍贵的历史文化遗产。

丝绵制作历史悠久　清水丝绵一枝独秀

余杭丝绵制作有着悠久的历史，最早可追溯到周朝；到了唐代，浙江丝绵被列为贡赋；从宋代起，浙江上调的丝绵占全国上调的三分之二以上。据《咸淳贡赋志》记载：“钱塘、仁和、余杭、临安、於潜、富阳……九县岁解绵……今余杭所出为佳。”清时，余杭丝绵更是饮誉海外，康熙年间曾远销日本。民国期间，在杭州召开的首届西湖博览会上，余杭清水丝绵荣获特等奖。

清水丝绵质地上佳　得益于千古柔美水质

制丝绵除了独特的制作技巧外，还有一个重要的条件，就是要有良好的水质。余杭出产的丝绵被称为“清水丝绵”，可见水质与丝绵的质量有着密切关系。

余杭镇上横跨南苕溪的千年古桥通济桥，经受过上千次洪水冲击而岿然不动，这固然与桥的分水角、溢洪洞的巧妙设计有关，有一件事却鲜为人知，那就是桥下铺有又长又厚的能使洪水急速宣泄的青石板。

清代有一位姓苏的商人慧眼独具，深谙“石上泉水清”的道理，认定在余杭精制丝绵的条件得天独厚，于是就在桥边开起丝绵作坊，生产的丝绵在行业中一枝独秀，在南洋劝业会上得了奖。

狮子池水清澈见底　制作丝绵色白有光泽

很久以前，余杭镇东南边，飞流直下的天目山水冲落在狮山，回旋结穴而成一大潭，当地人称之为“狮子池”。池水悠悠，清澈见底，游鱼可数。附近的农家用池水制作丝绵，色奇白，且呈玉色有光泽。从此，四面八方汲水者趋之若鹜，狮子池畔热闹非凡。

据《嘉庆余杭县志》记载，余杭狮子池“以其水缫丝（含制绵）最白，且质重云”。

清水丝绵制作技艺在余杭民间世代相传，上世纪80年代，农村几乎家家户户都制作丝绵，丝绵制品成了农家姑娘出嫁的必备嫁妆。

丝绵制作七大工序　道道工序环环紧扣

据从事过丝绵制作的老人说，制作清水丝绵主要有七大工序：

一是选茧，遴选双宫茧、黄斑茧等大个形茧；二是煮茧，把蚕茧用纱布袋装好，放入大锅内，每袋约装1~2斤，加入老碱2两和香油2汤匙，加水至茧面平，用旺火烧煮并不停翻动，烧煮约一小时，待丝胶溶解、茧层发松，已无生块时起锅；三是清水漂洗，将煮好的茧用清水漂洗，边踏边冲洗，将茧中的碱水和蛹油挤出；四是剥茧做"小兜"，把熟茧放入冷水，分个先剥开，拉扯后，套在手上，一般套三四颗茧子，做成"小绵兜"；五是扯绵撑"大绵兜"，在水面上将"小绵兜"绷到绵扩上，扯开扯匀，扯薄边缘，敲掉生块，捡净附着物，撑成一个厚薄均匀、无杂质的"大绵兜"；六是甩绵兜，将大兜甩开，用线串连；七是晒干，将串连的"大绵兜"挂于竹竿上，晒干后即成丝绵。一般一斤丝绵需要约3斤干茧，一斤茧手工做成"小绵兜"需要一个多小时。

清水丝绵不能作古　传承保护实施五大举措

如何传承保护清水丝绵这一传统制作工艺，让这一非物质文化遗产发扬光大，余杭有关部门将采取一系列举措：一是通过普查，建立档案，对丝绵制作工艺流程进行文字、视频记录；二是对丝绵制作艺人进行登记造册，通过命名区民间艺术家等措施进行保护，发挥她们的传带作用，培养传承人；三是建设蚕桑生产基地和原生态保护区，鼓励农户种桑养蚕，确保丝绵生产原料的供给；四是全面收集丝绵生产有关资料，进行整理存档，建立包括余杭清水丝绵在内的蚕桑业、蚕桑习俗展示馆；五是编写《清水丝绵》专著和乡土教材，编著各种形式文艺作品，培育和挖掘蚕丝文化，保护非物质文化遗产。

（记者 唐永春 通讯员 文闻 陈清）

[贰]余杭塘栖塘北村家家户户盖的是自家做的丝绵被

（原载“浙江在线”）

浙江在线6月3日讯　“姑妇相呼有忙事，舍后煮茧门前香。缫车嘈嘈似风雨，茧厚丝长无断缕。”宋代诗人范成大《缫丝行》中的诗句，描写的是农妇养蚕煮茧缫丝的景象。

在余杭塘栖塘北村，至今仍保留着传统的蚕桑文化。

最近，村里新建了一个以蚕桑文化为主体的旅游区。十几位有着养蚕纺纱绝活的婆婆，成了当地的大明星。

昨天，记者走进蚕桑民俗文化生态保护区——塘北村，体验了从蚕到丝棉的有趣过程。

春蚕养殖—— 蚕宝宝最怕的是蚊香

走进塘北村，一片一片的桑树林和枇杷林错落有致。桑树郁郁葱葱、枝繁叶茂，枇杷金黄滚滚、暗香阵阵。

一大早，60多岁的胡婆婆就采了一大堆桑叶回来，准备去喂蚕宝宝。

胡婆婆家里养了满满两屋子蚕，走进去，只听得“沙沙”的声音，这是蚕宝宝在大口大口地咀嚼桑叶。再过几天，又有一批蚕宝宝要结茧了，所以食量特别大。

"大蚕每天喂叶4次，要喂嫩叶，不可以喂黄叶，我这些都是新鲜的桑叶，晾一晾就可以喂了。"胡婆婆热情地和我们打招呼，最近来这里体验养蚕的游客特别多，每次她都会饶有兴致地讲解养蚕经。

她说，蚕宝宝很怕蚊香，一点蚊香就死了，所以养蚕防蚊子很重要。

5月底到6月初的这段时期，在塘北村属于蚕杷季节，因为正好是枇杷成熟和蚕宝宝结茧的时候，对家家户户都养蚕种枇杷的塘北村村民来说，一年中最忙的日子就是这十来天。

满屋子的蚕宝宝让每一个来参观的游客惊呼不止，临走时，很多人还特意问胡婆婆讨蚕宝宝来养。她很慷慨地送了我们好多，还连声说："多拿些桑叶，这个时期的蚕胃口好，还有，桑叶要记得放冰箱里，保持新鲜，拿出来的时候晾晾再喂，太冷太湿的桑叶不能马上喂的……"

清水丝绵——塘北人的私家享受，舒服暖和

胡婆婆隔壁住的是张婆婆家，每天白天婆婆们会准时开工制作丝绵，我们难得亲身看一看余杭著名的清水丝绵是怎么制成的。

制作丝绵的方法看上去不难，但是真要动手，没点经验根本做不来。张婆婆、胡婆婆几位都是有40年以上经验的，最年轻的也有

翻丝绵袄（褚良明 摄）

翻丝绵被（褚良明 摄）

翻丝绵被（唐永春 摄）

58岁了，她们从嫁过来的时候就开始制作清水丝绵，一直做到如今两鬓斑白。

杨婆婆擅长的是剥茧。茧事先要煮两三个小时，把里面的蛹煮熟，把茧煮散，然后剥开，取出蛹，把茧扯散了套在手上。一共要套四层，这样的茧制成丝绵后才足够厚。

“一般的茧四层还不够，我们这个是双宫茧，就是说，一个茧是两个蚕宝宝吐丝结成的，比普通茧要厚。”杨婆婆说。

剥茧、套茧，关键是要均匀，这是后续工序的基础，丝绵被好不好首先就是看这个。

四层套好后，就可以拿去套竹弓了，就是继续拉扯开，然后套在一个竹子做成的弓上。张婆婆擅长这个，她把四层套好的茧放在清水里浸湿，两手用力拉，左一下右一下，顺势套在竹弓上，同样要套四层，套好后取下拧干，这道工序就算完成了。别看张婆婆做得又麻利又轻松，套四层半分钟都不用，但要是没有那巧劲，这丝绵不是拉断就是拉不开，光使蛮力是不行的。

“我做了一辈子呢，嫁过来时带的丝绵被就是我自己做的，几十年了！”谈起清水丝绵，张婆婆可开心了，话也特多。回忆起年轻时做丝绵被的情景，她笑着说：“当时手巧多了，现在年纪大了，不灵活咯。这么多年过去了，现在都是机器做的，但丝绵被还是手工的好，舒服暖和。”

塘北村一位村委说：“套竹弓后取下来晾干，就是薄薄的丝绵了。比外面买来的丝绵更软更密，做成的丝绵被盖起来更加舒服。我们塘北村有5000余人，家家户户盖的都是自己做的清水丝绵被，这个可比工厂里做的好多了，盖惯了它，再盖其他，还真不习惯。”

做一床丝绵被要多少茧子？张婆婆说：“一床丝绵被大概3斤，一般2斤半到3斤茧子可以做成一斤丝绵，所以十斤不到吧。等这些丝绵晾干，就可以动手做被子，被套可以买现成的，像我们这些熟手，4个人花半小时就可以做好一床丝绵被。”

缫土丝——“八丝合一”，1秒钟都不用

蚕结成茧后，可以直接做成清水丝绵，也可以缫成丝后纺纱织布。

比起做清水丝绵，缫土丝更是一门细活儿。蚕结成茧，但怎样变成丝，很多人都不知道。所以，当看到孙婆婆踩着缫丝机双手如穿梭，一个个茧里的丝就像跳舞的精灵一样不停转动，大家才恍然大悟："哦，原来'抽丝剥茧'就是这么来的，太贴切了。"

缫丝机有点像纺纱机，不同的是它连着一口大锅，锅里煮着水。

孙婆婆把几十个茧扔进锅里，用叉子来回搅拌，不到几分钟，茧就被煮熟了，露出了丝线头。

孙婆婆一边脚踩着踏板，一边熟练地把刚刚冒出的丝线头抓在一起，8根丝合成一组，麻利地甩到缫丝机上。

这个动作疾如闪电，前后1秒钟都不到。旁观的我们甚至没有看清楚，顿时发出"天哪，好厉害"的惊呼，直纳闷这又软又细的丝怎么可能被直通通地甩出去。

接着，丝线就被一根一根地抽出，卷到缫丝机上。只需短短几分钟，丝就被抽光了，原来白白的茧变得透明起来，能清楚地看到茧里的蛹。

"蛹放油里炒炒吃，很香的，营养又好，高蛋白呢！要不要拿些回去？"孙婆婆一边把抽光了丝的茧从锅里捞出，一边又把新茧放进锅里，开始下一轮工序。

这实在是一门精细活儿。要想顺利地找到丝头，分成8根线一组，还要在1秒钟内把丝线甩到缫丝机上，实在不是“菜鸟”能做到的，我们只能惊叹孙婆婆的高超技艺。

建文化村——保护渐行渐远的蚕桑文化

可惜的是，这些让人叹为观止的纯手工艺后继乏人。

眼花缭乱的技艺是这些婆婆们年轻时就会做的，但是她们的下一代都没有兴趣学，年轻人觉得太麻烦也太复杂。

科技的进步压缩了手工艺生存的空间。

现在，塘北村有专门的收茧站，有一家有名的丝厂，村民养蚕结茧后可以直接卖给厂里。

但自制丝绵、缫丝织布陪伴了婆婆们一生，对她们来说有着难以割舍的眷恋。

塘北村村干部说：“像我们这一代已经不懂了，但是为了保护蚕桑文化，镇上和村里开展了这个旅游文化项目，希望能让村里的年轻人参与进来，继承婆婆们的手艺。”

余杭区塘栖蚕桑文化村，现在占地400亩左右，这也是余杭区第一个蚕桑生产民俗文化旅游区。

文化村建起来后，婆婆们相当开心，每天有很多游客来参观合影，看她们养蚕缫丝，问长问短。

她们忽然成了大明星，婆婆们面对许多长枪短炮还有点害羞。

村里的其他村民路过，也会对婆婆们报以羡慕的目光：“今天

又来过多少游客啊？”“要不也把绝活教教我们吧！”

邀你体验特有的——“蚕杷文化”

塘北村位于余杭区塘栖镇北部，是杭嘉湖平原上一个蚕桑养殖较为密集的村落。

这里的蚕桑生产历史悠远，迄今仍有着较好的传承，是余杭区最大的养蚕大村。

五月，蚕老枇杷黄，正好是蚕成茧、枇杷熟的季节，塘北村形成了独特的“蚕杷”民俗。

在这里，我们依然可以体验到很多和蚕桑生产有关的民俗，诸如拜蚕神、求蚕花、扎蒲墩、做茧圆、缫土丝、剥丝绵等。

更难得的是，这些民俗风情保留得非常好，几乎都是原汁原味的。

养蚕很多人并不陌生，但是这些和蚕桑文化有关的民俗、纯手工技艺很多人都没有见识过。

5月底到6月初这段时间恰是春蚕结茧期，村里每家每户养的蚕，早的一批已经结茧了，晚的一批也将在本周结茧。

等这批蚕结成茧后，第二批蚕要等两个月后才开始养殖。所以，想观看从养蚕到制成丝绵全过程的游客可要抓紧时间了。

[叁]余杭清水丝绵传承人俞彩根为展览剪彩

（原载“浙江文明网”）

近日，“中国蚕桑技艺”遗珍展在位于杭州西子湖畔的中国丝绸博物馆隆重开幕，余杭清水丝绵项目不仅参加了此次展览，余杭清水丝绵传承人俞彩根还为“中国蚕桑技艺”遗珍展剪彩。

余杭清水丝绵历史悠久，至今仍保留着清明轧蚕花、茧圆制作等众多的蚕桑生产民俗。塘栖镇塘北村较完整地保存着剥清水丝绵、扯绵兜、缫土丝等传统手工技艺，并已被列为“杭州市蚕桑民俗生态文化保护区”、“浙江省非物质文化遗产生态保护区试点”。2008年6月，余杭“清水丝绵制作技艺”被国务院列入第二批国家级非物质文化遗产名录。余杭清水丝绵项目作为“中国蚕桑丝织”的重要组成部分，经由浙江、江苏、四川三省联合申报，余杭区、桐乡市、海宁市、湖州市南浔区、德清县以及江苏、四川等地文化部门跨地区协作，成功晋级“世遗”，余杭有了首个世界级文化瑰宝。

本次“中国蚕桑技艺”遗珍展是今年9月“中国蚕桑技艺”被联合国教科文组织列入《人类非物质文化遗产代表作》名录以来第一次全面的展示，展览主要分为蚕乡遗风、制丝技艺、丝织奇葩和保护传承四个部分，主要展示蚕乡民俗活动，清水丝绵、杭罗、宋锦、蜀锦、双林绫绢的制作技艺、代表作品和这些项目的传承人介绍。

[肆]《余杭清水丝绵制作技艺》连环画

2008年，西泠印社出版社出版了一套“余杭非物质文化遗产代

蚕桑丝织技艺遗珍展剪彩（张春菁 摄）

表作连环画”丛书，一套八本，讲述了余杭八个“非遗”代表作的故事，其中一本名为《余杭清水丝绵制作技艺》，讲述了清水丝绵的故事。该书由丰国需撰文，刘斌昆绘画，共40页。在此，特收录这个连环画的文字脚本。

1.余杭，地处杭嘉湖平原，雨水充沛，遍地桑林，栽桑养蚕遍及家家户户，自古以来就是我国著名的蚕桑产区，早在唐代时，余杭的丝绸生产就十分发达，享有“丝绸之府”的盛名。

《余杭清水丝绵制作技艺》封面

2.余杭栽桑养蚕，历史悠久。相传很久很久以前，余杭某地有一户人家，家中仅父女两人和一匹白马。那年月兵荒马乱，有一天，父亲被官府拉去当兵，去北方打仗了，说好要三年才能回来。

3.父亲一走，家中就剩下女儿和一匹白马了。女儿盼星星盼月亮一样地盼望阿爸早点回来。总算盼过了三年，心想阿爸可以回来了。可哪里知道三年都过了一个多月了，去北方打仗的阿爸还是没有回来。

4.那个姑娘想阿爸都快想疯了。这天，她在河边给白马洗刷，洗着洗着就想起了父亲。于是她便和白马说："白马呀白马，我的好白马，快去找我阿爸，若是找阿爸回来，我愿意嫁给你。"

5.谁知道，那姑娘的话音刚刚落地，那匹白马竟像通了神一样，突然朝她点了点头，长嘶一声，毅然挣断了缰绳，一下子腾上天空。姑娘呆住了，呆呆地看着那白马朝北方腾云驾雾而去……

6.说来也真奇怪，仅仅只有过了几天工夫，那白马竟然神奇地将姑娘的阿爸驮回来了。当那白马驮着姑娘的爸爸"得、得、得"地走进家门，姑娘激动地扑了上去，拥着父亲喜极而泣。

7.这姑娘是个说话算数的人，她记得清楚自己向白马许的愿。于是，第二天便将自己如何向白马许愿一事告诉了阿爸，并要阿爸做主将自己嫁给白马。她阿爸听后不由火冒三丈，自己如花似玉的女儿怎么能嫁给一匹马呀，那马再神毕竟是畜生呀。

8.于是，他断然回绝了女儿的请求。等姑娘出门给果树浇水时，他悄悄取出了自己从军队中带回来的弓箭，乘那匹白马得意洋洋不加注意时，“嗖——”的一箭，射死了那匹白马。

9.白马被射死，可姑娘的阿爸还不甘心，他还要吃它的肉。于是一不做二不休，当场动手剥下了马皮，马肉烧来吃，可马皮没人要呀，他随手就将马皮挂在门前的一棵桑树上，让女儿看见好死了这条心。

10.等到姑娘从外面回来，生米早已做成了熟饭，她那心爱的白马早就让她阿爸烧成了一锅红烧肉，连马皮也早已被剥下来了，挂在树上了。

11.姑娘伤心极了，跑到那桑树边抱着马皮痛哭起来。谁知道那伤心的泪水一滴到马皮身上，那马皮立即便卷了起来，裹着姑娘飞上天去。她阿爸看见，连忙从屋里追了出来，可哪里还来得及呀？

12.不久，附近一带的桑树上就出现了一种马头形的小虫，人们看见后都说是那个姑娘和马皮变的。人们同情姑娘的遭遇，纷纷将那些马头形的小虫拿回家养起来，并称它为“马头娘”。

13.这些小虫就是蚕宝宝，人们养了后发现它会吐丝结茧，吐出的丝可以做成衣服取暖。于是，养的人越来越多，时间一长，余杭一带便有了养蚕的习惯，从此便开始了栽桑养蚕。

14.每当蚕熟茧成之后，蚕农们过去都自行把茧子拿来缫丝，缫成丝后再拿出去卖。可是在缫丝过程中，人们发现有一些双宫茧、乌头茧、黄斑茧、穿孔茧、搭壳茧都不能用来缫丝，怎么办？

15.把这些次品茧丢掉吧，实在太可惜了，毕竟蚕宝宝十分娇贵，养到它吐丝结茧十分不容易；可留着吧，这些茧丝条紊乱，无法缫丝，有不少人试过想把它缫出丝来，可试过千百次，谁也无法从中缫出丝来。

16.有一年的冬天，余杭有个蚕农家中实在太穷，没有过冬的棉衣，她突然想起家中墙角里还堆了一堆双宫茧。她心想茧子缫成丝可以做衣服，如今不能缫丝的次品茧丝条仍在，说不定扯起来也能保暖。

17.于是，她便把家中放着不用的次品茧子全都放在锅里煮，然后挖出蚕蛹，把茧子扯了开来。茧子的丝条很韧，越扯越像棉花了，那人高兴极了，全都扯成了一朵朵，像一朵朵的大棉花。

18.接下去她便把这些用茧子扯成的大棉花全都翻进了衣服里，当棉衣来穿。想不到这些茧子扯成的棉花，竟比真的棉花还来得保暖，穿在身上又薄又暖和，她开心的脸上笑开了一朵花。

19.这个消息传开后，大家都过来向她取经，回家后竞相仿制，谁家里没有次品茧呀。一时间，家家户户都用次品茧剥开后代替棉花。由于它像棉花一样，又是丝做的棉花，于是人们便把它叫成“丝绵”。

20.制丝绵的技艺传开后，大家便在质量上下功夫了。过去缫丝对水质极其讲究，称之为“水重则丝韧”，制丝绵也同样需要好水。为了制出质量上乘的好丝绵，人们四处寻访好水。

21.很久以前，余杭狮子山山麓有一口很大的潭，潭中之水来自天目山水，飞流直下的天目山水撞到狮子山后回旋结穴而成，当地人称此潭为“狮子池”。这狮子池的池水，清澈见底，游鱼可数，当地农家便用此池水来制绵。

22.狮子池的池水拿来制绵果然与众不同，绵色奇白，略呈玉色并带有光泽。一时间，四邻八乡的乡民均来此取水制丝绵，使得狮子池边热闹非凡。清代嘉庆年间编纂的《嘉庆余杭县志》也留下了这样的记载：“以其水缫丝（含制绵）最白，且质重云。”

23.就这样，余杭的清水丝绵很快就出了名，余杭县官用后也觉得好，便拿了去孝敬皇上，皇上用了大声喊好，于是，清水丝绵便成了贡品。《杭州府志》留下了如此记载：“杭州（余杭郡）岁贡绵。”

24.余杭镇上南苕溪穿镇而过，在南苕溪上有座千年古桥通济桥。在桥下有块又长又厚的青石板，每逢洪水来时，冲到这青石板上便急疾飞泄。清代有位姓苏的商人一天偶然看到这一场景，当即想起了一句话，叫“石上泉水清”。

25.想到这里，这个姓苏的商人不由眼前一亮，心想：在此开家丝绵作坊，就近取水，再也用不着去老远的狮子池了，多好呀。于是，他当即便在桥边开起了一个丝绵作坊，专做清水丝绵。

26.苏家制作的丝绵，借着好水的光，果然不同凡响，做出的丝绵厚薄均匀，手感柔滑，弹性好，拉力强。一时间，四路客商纷纷争购，还被推荐参加了南洋劝业会展出，在南洋劝业会上一举成名，获了大奖。

27.苏家的丝绵作坊获利甚丰，其制作丝绵的技艺也一代一代传了下来。1929年，首届西湖博览会在杭州举行，苏氏后人苏晋卿制作的优质清水丝绵也被推荐参加展出，结果被评为特等奖。

28.千百年来，余杭清水丝绵因其独特的品质成了一块响当当的品牌，得到过不少荣誉，深受各地客商好评。在余杭，除了一些工场作坊生产清水丝绵外，民间几乎所有农家都会制作丝绵。

29.民间把清水丝绵的制作称作“扯绵兜”。扯绵兜有很多工序，先是选茧，在茧子丰收时把上乘的茧子挑出来缫丝，而把那些双宫茧、黄斑茧、穿孔茧、乌头茧等次品茧统统挑出来，留着制作丝绵。

30.制丝绵时，先要煮茧。人们把那些挑出来的不能缫丝的次品茧用纱布袋装好，每袋约装一到两斤茧子，然后把茧子投入大锅子中去煮，加水至茧面平过，另放老碱二两和香油两汤匙。

31.煮茧时必须用旺火，两人操作，一人烧火，一人翻茧。一边用旺火煮，一边不停地翻动一只只茧袋。大约烧煮一个小时后，那些茧子中的丝胶基本溶解了、茧层也开始发松了，此时才可起锅。

32.起锅后的茧子必须连袋拎到溪边去冲洗。这冲洗茧子是个力气活，旧时大都由家中的男人去做。洗茧时连袋子洗，洗时用脚踏，边踏边在水中冲洗，将茧子中的碱水和蛹油统统挤出洗尽。

33.洗尽后的茧子就可开始做丝绵了，做丝绵是个技术活，大都是妇女来做。回家后将冲洗干净的茧子倒入木盆或缸中，在盆上或缸上置一块木板，加入清洁的溪水。几个妇女围坐在缸边或盆边，开始动手剥茧。

34.大家分头将茧子一颗颗从水中捞出来，捞出一颗剥开一颗，剥开后将茧子扯大，扯大后套在自己的手上，一般套上三到四颗茧子，就除下来，此时称作“小兜”，做好后放在木板上。

35.接下去做丝绵的人在缸中放一个用竹片制成的半圆形的框子，称作“绵扩”（一种扯绵兜的专用工具），下面挂一坠子，让绵扩浮于水中，然后拿起刚做好的“小兜”，一个个分别绷到那个竹制的绵扩上。

36.当“小兜”绷到绵扩上后，做丝绵的妇女便一个个分头将那些“小兜”扯开扯匀，扯薄边沿，一边扯，一边敲掉生块，捡净附在上面的垃圾，让它撑成一个厚薄均匀、毫无杂质的“大兜”。

37.“大兜”做好后，做丝绵的妇女便把那些做好的“大兜”从那个竹制的绵扩上脱下来，双手将脱下来的“大兜”绞干水分，绞干后又将那“大兜”甩松，然后一层层叠好，放在一边。

38.做成“大兜”后，丝绵基本上做成了，只剩下最后一道工序了。最后一道工序是晒干，将做好的“大兜”一帖帖地串在竹竿上，拿到太阳底下去晒干，晒干后便成为名扬四方的清水丝绵了。

39.新中国成立之后，余杭清水丝绵一度曾工厂化生产，上世纪六十年代，余杭各地相继成立了不少丝绵加工场，生产清水丝绵。到了上世纪八十年代，由于现代免翻技艺的出现，这些加工场先后息业。

40.在民间，余杭的百姓一直保留着制清水丝绵的习俗。随着时代的发展，会这项技艺的人越来越少，但随着国家对非物质文化遗产的重视，余杭清水丝绵的制作技艺已列入浙江省非物质文化遗产名录。相信这项技艺会更好地保留下去。

[伍]三娘娘（丰子恺）

我的船停泊在小桥墩的小杂货店的门口，已经三天了。每次从船舱的玻璃窗中向岸上眺望，必然看见那小杂货店里有一位中年以上的妇女坐在凳子上“打绵线”。后来看得烂熟，不经写生，拿着铅笔便能随时背摹其状。我从她的样子上推想她的名字大约是三娘娘。就这样假定。

从船舱的玻璃窗中望去，三娘娘家的杂货店只有一个板橱和一只板桌。板橱内陈列着草纸、蚊虫香和香烟等。板桌上排列着四五个玻璃瓶，瓶内盛着花生米糖果等。还有一只黑猫，有时也并列在玻璃瓶旁。难得有一个老人或一个青年在这店里出现，常见的只有三娘娘一人。但我从未见过有人来过三娘娘的店里买物。每次眺望，总见她坐在板桌旁边的独人凳上，打绵线。

午后的天下雨。我暂不上岸，靠在船窗上吃枇杷。假如我平生也有四恨，枇杷有核该是我的四恨之一。我说水果中枇杷顶好吃，可惜吃的手续麻烦。堆了半桌子的皮和核，弄脏了两手。和吃蟹相似，善后甚是吃力。但靠在船窗上吃，省力得多。皮和核可随时丢进水里，决没有卫生警察来干涉。即使来干涉，我可想出理由来辩解：枇杷叶是药，枇杷核和皮或者也有药力。近来水面上浮着死猪、死羊、死狗、死猫很多，加了这药力或者可以消毒，有益于公众卫生。这番说过之后，卫生警察一定“马马虎虎”。

以前我只向窗中探首一望，瞥见三娘娘刹那间的姿态而已。这会因吃枇杷，久凭窗际，方才看见三娘娘打绵线的能干，其技法的敏捷，态度的坚忍，可以使人吃惊。都会里的摩青和摩女（注：日本人略称modern boy为 moba，略称modern girl 为moga，今仿此。），恐怕没有知道“打绵线”为何物。看了我这幅画，将误认为打弹子、放风筝、抽陀螺，亦未可知。我生长在穷乡，见惯这种苦工，现在可为不知者略道之：这是一架人制的纺丝机器。在一根三四尺长的手指粗细的木棒上，装一个铜叉头，名曰“绵叉梗”，再用一根约一尺长的筷子粗细的竹棒，上端雕刻极疏的螺旋纹，下端装顺治铜钿

（康熙、乾隆铜钿亦可）十余枚，中间套一芦管，名曰“锤子”。纺丝的工具，就是绵叉梗和锤子这两件。应用之法，取不能缫丝的坏茧子或茧子上剥下来的东西，并作绵絮似的一团，顶在绵叉梗上的铜叉头上。左手持绵叉梗，右手扭那绵絮，使成为线。将线头卷在锤子的芦管上，嵌在螺旋纹里。然后右手指用力将竹棒一旋，使锤子一边旋转，一边靠了顺治铜钿的重力而挂下去。上面扭，下面挂，线便长起来。挂到将要碰着地了，右手停止扭线而提取锤子，将线卷在芦管上。卷了再挂，挂了再卷，锤子上的线球渐渐大起来。大到像上海水果店里的芒果一般了，便可连芦管拔脱，另将新芦管换上，如法再制。这种芒果般的线球，名曰绵线。用绵线织成的绸，名曰绵绸；像我现在身上所穿的衣服，正是三娘娘之类的人左手一寸一寸地扭出来而一寸一寸地卷上去的绵线所织成的。近来绵绸大贱，每尺只买一角多钱。据说，照这样价钱合算起工资来，像三娘娘这样勤劳地一天扭到晚，所得不到十个铜板。但我想，假如用“勤劳”的国土里金钱来定起工价来，这样纯熟的技能，这样忍苦的劳作，定他每天十个金币，也不算过多呢。三娘娘的操持绵叉梗的手，比闻人们打弹子的手更为稳固；扭绵线的手，比闻人们放风筝的手更为敏捷；旋锤子的手，比闻人们抽陀螺的手更为有力，打一颗弹子可赢得不少洋钱，打一天绵钱赚不到十个铜板。如果三娘娘欲富，应该不打绵线打弹子。

三娘娘为求工作的速成，扭的绵线特别长，要两手向上攀得无法再高，锤子向下挂得比她的小脚尖还低，方才收卷。线长了，收卷的时候两臂非极度向左右张开不可。看她一挂一卷，手臂的动作非常辛苦！一挂一卷，费时不到一分钟；假定她每天打绵线八小时，统计起来，她的手臂每天要攀高五六百次，张开五六百次。就算她每天赚得十个铜板，她的手臂要攀五六十次，张五六十次，还要扭五六十通，方得一个铜板的酬报。

黑猫端坐在她面前，静悄悄地注视她的工作，好像在那里留心计数她的手臂的动作的次数。

二十三年六月十六日

后记

我们两个人，一个是从事民间文学的工作者，一个是从事“非遗”保护的工作者。近年来，两人都在从事包括“清水丝绵”在内的蚕桑生产技艺以及相关民俗的研究和整理工作，称得上对“清水丝绵”的制作技艺还算比较了解。

但就是这样，刚接受这本书的编写任务时，我们还是有点不安，因为“书到用时方恨少”，资料也同样如此。要编一本书了，才发现手头所掌握的资料对于编撰还是有一定的距离的。为此，我们讨论确立了纲目后，便分头作了大量的调查和采访，特别对于几位代表性的传承人，我们三番五次地拜访，和她们交上了朋友。为了编好这本书，我们还查阅了相关的地方志书及有关蚕桑丝织方面的专著，积累了大量的资料，根据新的资料修订纲目，这才着手撰写书稿。

我们在撰写这部书稿的过程中，得到省“非遗”专家顾希佳先生的精心指点。顾希佳先生对蚕桑文化造诣极深，近年来对余杭的蚕桑丝织生产技艺十分关注，多次来余杭采风和指导，我们跟随着顾老师，学到了不少东西，在这本书的撰写过程中，也多次吸取了他的意见和建议。应该说，本书的顺利成稿，有着顾希佳先生的功劳。

在此，特向顾希佳先生表示衷心的感谢！

编书的过程，其实也是一个学习的过程。通过本书的编写，我们对“清水丝绵”以及蚕桑生产技艺的认识更深了一层，使自己的相关学识得到了进一步的提高。为此，非常感谢余杭区文化广电新闻出版局对我们的信任，把这个编书的任务交给了我们，让我们在编写的过程中得到了进步和提高。

为了让读者对“余杭清水丝绵”有更直观的了解，在本书的编辑过程中，我们设立了“附录”一章，收录了一些与余杭清水丝绵相关的报道和文章，在此，向有关作者表示感谢！在编书的过程中，我们还得到了方方面面的帮助，塘栖镇塘北村村委给我们的采访提供了诸多的帮助，褚良明、谢伟洪、唐永春等人为本书提供了大量照片，在此一并表示感谢。

限于学识，我们在引证、理解上还存在不足，望识者见教。

丰国需、王祖龙

2013年9月

责任编辑：张　宇
装帧设计：任惠安
责任校对：朱晓波
责任印制：朱圣学

装帧顾问：张　望

图书在版编目（CIP）数据

余杭清水丝绵制作技艺 / 丰国需，王祖龙编著. — 杭州：浙江摄影出版社，2014.11（2023.1重印）
（浙江省非物质文化遗产代表作丛书 / 金兴盛主编）
ISBN 978-7-5514-0752-6

Ⅰ. ①余… Ⅱ. ①丰… ②王… Ⅲ. ①桑蚕丝—丝织工艺—介绍—浙江省 Ⅳ. ①TS145

中国版本图书馆CIP数据核字(2014)第223608号

余杭清水丝绵制作技艺
丰国需　王祖龙　编著

全国百佳图书出版单位
浙江摄影出版社出版发行
地址：杭州市体育场路347号
邮编：310006
网址：www.photo.zjcb.com
制版：浙江新华图文制作有限公司
印刷：廊坊市印艺阁数字科技有限公司
开本：960mm × 1270mm　1/32
印张：5
2014年11月第1版　　2023年1月第2次印刷
ISBN 978-7-5514-0752-6
定价：40.00元